智能科学技术著作丛书

基于信息融合的无线传感器网络部署

张聚伟　著

科学出版社

北　京

内 容 简 介

节点部署是无线传感器网络研究的一个基本问题,部署效果的好坏直接影响无线传感器网络所提供的服务质量的好坏。本书结合作者长期以来在该领域的研究工作,基于信息融合理论,论述和总结无线传感器网络部署的发展及所面临的诸多技术挑战。全书分三篇,共16章,内容涉及水下传感器网络部署、有向传感器网络部署和异构传感器网络部署,针对不同种类的传感器节点建立概率感知模型,基于信息融合理论给出解决方案,为传感器网络部署提供新思路。

本书可以作为无线传感器网络领域的研究人员及广大对无线传感器网络感兴趣的工程技术人员的参考用书,也可作为高等院校自动化、网络、通信、电子等专业高年级本科生和研究生的学习教材。

图书在版编目(CIP)数据

基于信息融合的无线传感器网络部署 / 张聚伟著 .—北京:科学出版社,2017.6
(智能科学技术著作丛书)
ISBN 978-7-03-052921-3

Ⅰ.①基… Ⅱ.①张… Ⅲ.①无线电通信-传感器-研究 Ⅳ.①TP212

中国版本图书馆 CIP 数据核字(2017)第 116366 号

责任编辑:张海娜 姚庆爽 / 责任校对:桂伟利
责任印制:张 伟 / 封面设计:陈 敬

科 学 出 版 社 出版
北京东黄城根北街 16 号
邮政编码: 100717
http://www.sciencep.com

北京九州迅驰传媒文化有限公司 印刷
科学出版社发行 各地新华书店经销
*
2017 年 6 月第 一 版 开本:720×1000 B5
2019 年 2 月第三次印刷 印张:12 3/4
字数:240 000
定价:80.00 元
(如有印装质量问题,我社负责调换)

《智能科学技术著作丛书》序

"智能"是"信息"的精彩结晶,"智能科学技术"是"信息科学技术"的辉煌篇章,"智能化"是"信息化"发展的新动向、新阶段。

"智能科学技术"(intelligence science&technology,IST)是关于"广义智能"的理论方法和应用技术的综合性科学技术领域,其研究对象包括:

- "自然智能"(natural intelligence,NI),包括"人的智能"(human intelligence,HI)及其他"生物智能"(biological intelligence,BI)。
- "人工智能"(artificial intelligence,AI),包括"机器智能"(machine intelligence,MI)与"智能机器"(intelligent machine,IM)。
- "集成智能"(integrated intelligence,II),即"人的智能"与"机器智能"人机互补的集成智能。
- "协同智能"(cooperative intelligence,CI),指"个体智能"相互协调共生的群体协同智能。
- "分布智能"(distributed intelligence,DI),如广域信息网、分散大系统的分布式智能。

"人工智能"学科自1956年诞生以来,在起伏、曲折的科学征途上不断前进、发展,从狭义人工智能走向广义人工智能,从个体人工智能到群体人工智能,从集中式人工智能到分布式人工智能,在理论方法研究和应用技术开发方面都取得了重大进展。如果说当年"人工智能"学科的诞生是生物科学技术与信息科学技术、系统科学技术的一次成功的结合,那么可以认为,现在"智能科学技术"领域的兴起是在信息化、网络化时代又一次新的多学科交融。

1981年,"中国人工智能学会"(Chinese Association for Artificial Intelligence,CAAI)正式成立,25年来,从艰苦创业到成长壮大,从学习跟踪到自主研发,团结我国广大学者,在"人工智能"的研究开发及应用方面取得了显著的进展,促进了"智能科学技术"的发展。在华夏文化与东方哲学影响下,我国智能科学技术的研究、开发及应用,在学术思想与科学方法上,具有综合性、整体性、协调性的特色,在理论方法研究与应用技术开发方面,取得了具有创新性、开拓性的成果。"智能化"已成为当前新技术、新产品的发展方向和显著标志。

为了适时总结、交流、宣传我国学者在"智能科学技术"领域的研究开发及应用成果,中国人工智能学会与科学出版社合作编辑出版《智能科学技术著作丛书》。

需要强调的是,这套丛书将优先出版那些有助于将科学技术转化为生产力以及对社会和国民经济建设有重大作用和应用前景的著作。

我们相信,有广大智能科学技术工作者的积极参与和大力支持,以及编委们的共同努力,《智能科学技术著作丛书》将为繁荣我国智能科学技术事业、增强自主创新能力、建设创新型国家做出应有的贡献。

祝《智能科学技术著作丛书》出版,特赋贺诗一首:

智能科技领域广

人机集成智能强

群体智能协同好

智能创新更辉煌

涂序彦

中国人工智能学会荣誉理事长

2005 年 12 月 18 日

前　言

负责前端无线接入的无线传感器网络技术是支持物联网以及未来移动通信系统的重要技术基础,如何有效地部署传感器节点并提高数据可靠性一直是研究无线传感器网络的重要课题。由于无线器传感网络节点具有可靠性差、冗余性高的特点,通过信息融合算法减少数据传输量、改进节点的部署算法、增加信息的可靠性是提高无线传感器网络服务质量的有效途径。

本书围绕无线传感网络节点部署中的热点和难点,以信息融合理论为主线索,基于作者在水下传感器网络部署、有向传感器网络部署、异构传感网络部署等课题中的研究成果,结合国内外重要研究成果展开详细的阐述和分析,全书分三篇共16章。针对不同种类的传感器节点,建立概率感知模型,基于信息融合理论,给出解决方案,为传感器网络部署提供新思路。本书可以作为无线传感器网络领域的研究人员及广大对无线传感器网络感兴趣的工程技术人员的参考用书,也可作为高等院校自动化、网络、通信、电子等专业高年级本科生和研究生的学习教材。

第1章是绪论,主要介绍无线传感网络的概念、主要特点与关键技术,重点分析无线传感器网络覆盖部署问题。接下来分为三篇,第一篇是基于信息融合的水下传感器网络部署问题研究,其中第2章介绍水下传感器网络部署的研究进展;第3章介绍基于深度信息的水下传感器网络部署;第4章介绍水下传感器网络表面区域部署算法;第5章介绍混合通信方式的水下传感器网络部署;第6章介绍基于信度势场的水下传感器网络部署;第7章介绍基于模糊数据融合的水下传感器网络部署;第8章介绍基于小分子模型的水下传感器网络部署。第二篇是基于信息融合的有向传感器网络部署,其中第9章介绍有向传感器网络的研究进展及常见的有向传感器网络节点感知模型;第10章介绍基于概率感知模型的有向传感器网络部署算法;第11章介绍视频传感器网络路径覆盖算法;第12章介绍有向传感器网络强栅栏覆盖算法。第三篇是基于信息融合的异构传感器网络节点部署,其中第13章介绍异构传感器网络介绍及异构传感器网络部署简介;第14章介绍感知数据类型异构的传感器网络部署;第15章介绍基于粗糙集的水下异构传感器网络节点部署;第16章介绍基于粒子群算法的异构传感器网络节点部署。

本书作者的科研团队在无线传感器网络领域进行了多年的研究,本书的大部分内容来自这些研究成果,其中许多内容来自于相应的原创论文。作者及作者的科研团队在无线传感器网络领域承担过多项国家、省部级科研课题,相关的研究成果也在本书中得以引用,感谢作者的研究生李强懿、李世伟、刘亚闯、武宁宁、王亚乐、王宇、谭孝江、文森、郑鹏博配合作者所做的大量工作。

　　本书在撰写过程中,得到河南科技大学科技处、电气工程学院领导和同仁的支持和帮助,首先感谢朱文学教授、史敬灼教授、毛鹏军教授、秦青副教授、于华副教授、孙立功副教授、黄景涛副教授、卜文绍教授等老师对本书的大力帮助和无私奉献,正是他们的帮助和支持才使本书得以成稿,也要感谢天津大学孙雨耕教授、杨挺教授、刘丽萍副教授、李桂丹副教授、张强博士对本书的指导。最后,感谢爱妻陈媛女士对我生活上的照顾和支持,以及在写作过程中给我的鼓励。

　　由于无线传感器网络技术和理论发展迅速,许多问题尚无法定论,加之作者水平有限,书中难免存在不妥之处,恳请同行及读者批评指正。

张聚伟

2017 年 2 月

目　　录

第一篇　基于信息融合的水下传感器网络部署

第三篇　基于信息融合的异构传感器网络节点部署

第1章 绪 论

1.1 无线传感器网络部署

无线传感器网络(wireless sensor networks,WSN)是由大量廉价的微型传感器节点部署在目标监测区域内,通过自组织的方式构成的网络。无线传感器网络[1]综合了传感器技术、分布式信息处理技术、无线网络通信技术、嵌入式计算技术以及微电子技术等,通过各种集成化的传感器节点实时协作感知,采集监测区域内的各种信息,对采集到的数据进行计算处理,网络内的通信链路以多跳、中继的方式将数据传送到用户端。无线传感器网络是当前世界上备受关注的新兴前沿研究热点领域,它能够满足恶劣环境下的监测和特殊需求,有广阔的应用前景,在国家安全、交通管理、环境监测、空间探索等领域都具有重大的应用价值,引起了军事界和学术界的高度关注。2006 年年初,我国发布的《国家中长期科学和技术发展规划纲要(2006—2020 年)》为信息技术确定的三个前沿方向中,有两个与无线传感器网络直接相关,即智能感知技术和自组织网络技术[2]。可以预计,无线传感器网络的发展和广泛应用,将对人们生活和产业变革带来极大的影响和产生巨大的推动。

覆盖控制是无线传感器网络的一个基本问题,覆盖控制效果的好坏直接影响无线传感器网络所提供的感知服务质量的好坏。采用一定策略优化无线传感器网络的覆盖性能,对于合理分配网络资源,更好地完成对目标区域的感知、数据采集以及提高网络运行时间都具有重要的意义。覆盖控制即使传感器网络在满足覆盖要求的前提下,通过控制节点的工作方式或调整节点的位置,使传感器网络的整体覆盖效果最优化。通过对感兴趣区域内网络覆盖程度的测量,就能够了解到监测区域内是否存在覆盖盲区和通信盲区。掌握了检测区域内的网络覆盖状况,就可以为传感器节点的调整和在将来采取一定策略添加传感器节点时提供有效的依据。通过改变局部传感器节点的密度,还可以在部署区域的重点区域设置热点,从而更有效地覆盖事件多发地,进一步提高数据测量的可靠性。因此,传感器网络的覆盖控制已不只是为了满足对监测区域的整体通信覆盖和感知覆盖,更多是为了满足具体的应用需求。合理的网络覆盖控制方案是延长网络运行时间、优化网络资源、提高网络覆盖性能的重要保证。

1.2　无线传感器网络分析

图 1-1 为传感器网络的结构示意图,传感器节点随机抛撒在指定的监控区域内,通过节点的自组织特性组成传感器网络。由于传感器节点抛撒之后位置不能移动,或者只能移动很小的距离,各个传感器节点完成数据采集工作之后,通过与临近的节点的协同工作先把采集的数据信息传送给 sink(簇头)节点,再通过互联网、局域网或卫星网络发送到用户手中的客户端。为提高网络性能,无线传感器网络中还会采取覆盖控制、数据融合、拓扑控制、信道分配等策略,使用户最终得到的数据更加可靠和完善。

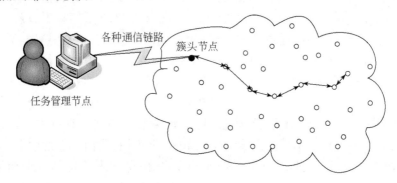

图 1-1　无线传感器网络

1.2.1　无线传感器网络的特点

无线传感器网络和无线自组网(ad-hoc)有许多相似之处,同时又有很大的区别。无线传感器网络特征可以总结为以下几点[3]。

1) 资源受限

传感器网络中的节点在能量资源、通信资源、计算资源和存储资源等方面都在很大程度上受到限制。传感器节点的能量来源于携带的电池,但由于节点体积的限制,节点携带的电池容量非常有限;并且传感器节点往往部署在人员难以到达的区域,这就使得传感器节点携带的能源成为非常珍贵的资源。同时,传感器节点体积的限制,使节点在设计时只能拥有较弱的数据处理能力和较小容量的存储器,所以传感器节点在完成任务时能利用的数据处理和存储资源也非常有限。

2) 自组织网络

传感器网络的自组织性就是节点可以自定位、自动配置、自组网。要求不需要人工干预和任何其他预置的设施,可以在任何地方、任何时间快速展开并自动组成网络。同时由于其网络的分布式特性、节点的冗余性,单个节点发生故障不会影响整个传感器网络的运行,具有很强的健壮性和抗毁性。对于无线传感器网络的部署,特别是在特殊无法到达的环境下的部署工作,往往通过飞机或炮火等方式来播撒,所以传感器节点的部署位置无法预测,邻居节点之间的关系也无法事先知道。这就需要传感器节点具有一定的自组织能力,能够自己进行配置与管理,并通过一定的自组织能力形成一个系统性的传感器网络。在传感器网络的运行过程中,由于局部部署不均匀和部分节点因为能量耗尽而死亡,就需要往网络中补充一些新的节点。这些因素就会造成传感器网络节点个数动态地变化,使得网络拓扑结构也随之动态变化,这也需要传感器网络具备自组织能力。

3）节点数目大

通常情况下,传感器网络应用往往需要在监测区域高密度地部署大量传感器节点以获取足够精确的信息,节点数量可能会有成千上万个。例如,采用传感器网络对战场的环境,或是无人值守的环境进行监测,需要在很大的区域内部署大量传感器节点。另外,传感器网络需要高密度地部署来提供需要的冗余节点,才能够保证一定的覆盖质量和网络连通性,提高网络的可靠性。这两方面决定了传感器网络应用需要大量节点部署,同时也使网络的维护变得非常困难。

4）动态性强

无线传感器网络的拓扑结构是会发生经常性的变化的,这种动态性是由多方面的原因造成的。例如,由于电池的能量耗尽,传感器节点发生故障或死亡;由于节点的移动性,其位置发生改变;节点功率控制或环境的因素造成网络的通信链路发生变化;为增强网络的监测精度或者为了网络维护而加入新的节点等。所以要求传感器网络能够适应这些动态变化,通过不断地调整来完成监测任务。

5）以数据为中心

传统的网络以传输数据为目的,是以地址为中心的网络。在这类网络中,所有功能的处理都放在终端来进行,中间的节点只负责数据的转发,网络设备都有其唯一的地址标识,资源的定位和信息的传输依赖于不同网络设备的地址。而传感器网络是以完成对目标的监测或者数据采集等任务为目的。在无线传感器网络中,用户只对其感知到的数据感兴趣,而不会关心每个节点的地址标识。因此无线传感器网络是以数据为中心的网络,与传统网络以地址为中心不同。

6）应用相关性

传感器网络具有广阔的前景,将会在人们生活中的各个领域发挥越来越大的作用。但由于资源限制,为了减少不必要的资源耗费,进一步降低传感器节点的成本,各个应用领域开始从硬件平台、网络协议和软件系统等方面对传感器网络提出不同的要求。传感器网络难以做到像因特网一样,具有统一通信协议平台。传感器网络的开发研究要从实际应用出发,针对不同的应用要求采用不同的技术,才能研究出高效率且成本低的应用系统。

1.2.2 无线传感器网络的关键技术

1) 时间同步技术

无线传感器网络以采集信息并及时传送出去为目的,而时间同步是传感器网络数据实时性的保证,是实现所有节点协同进行工作的前提。时间同步技术是无线传感器网络的一项基本支撑技术,是实现传感器网络定位、不同节点数据融合、目标捕捉等技术以及各项 MAC 层协议的基础。

2) 定位技术

在无线传感器网络中,节点需要定位自己的位置,以实现目前的大多数部署策略,并在运行工作时,能够提供目标事件发生的具体位置,所以定位技术是无线传感器网络的一项基本支撑技术。

3) 网络拓扑控制技术

无线传感器网络的各项资源普遍受限,因此通过调节传感器节点的发射功率、设置节点分簇机制或采用休眠调度机制等方法,以减少网络的整体能耗、减少无线通道的相互干扰、巩固网络的连通性等提高网络性能的拓扑控制技术,变得非常重要。

4) 数据融合技术

数据融合技术是指通过数据压缩和分类选择等方法,保留数据信息中的有效部分,去除信息数据中的冗余及无效部分,达到减少传输数据量的方法。数据融合以增加节点的数据处理成本为代价,提高数据的可靠性、减少数据传输能耗和无线信道的干扰。

5) 其他关键技术

无线传感器网络除了上述简要介绍的几种关键技术之外,还有网络安全技术、数据管理技术、嵌入式操作技术、无线通信技术、网络协议、应用层技术等相关技术。

1.2.3 无线传感器网络的应用

无线传感器网络的感知技术在生活中无时不在、无处不在,可应用于大多数的生活环境,帮助人们深入了解甚至控制周围环境。无线传感器网络在军事、民用、工业、商业、灾害应急救援甚至宇宙探索方面都有着重要的应用。

1) 军事应用

无线传感器网络作为信息时代的产物,在军事上的指挥部署兵力、情报搜集、信息对抗和战场救援方面提供技术支持。无线传感器网络具有很强的鲁棒性、定位能力和自组织能力,且其节点成本低廉,在部署到敌方区域之后采集信息、跟踪目标,即使部分遭到破坏,也不会对整个网络造成太大的损失,更不会造成人员的伤亡。同时,传感器网络应用到兵器和作战单位中后,可以第一时间共享战场信息,能够提高军事打击的精度,极大地提高各作战单位的协调性。

2) 生活应用

无线传感器网络应用于家庭环境中时,能给人们带来极大便利,如智能家居中,可以打开空调、声控灯光、遥控开门、定时喂养宠物等。能够同智能手机的相关应用组网,省时省力。在危险预测和警报方面,无线传感器网络可以对电梯的缆绳状况、墙壁裂缝情况等进行实时监控,在出现安全隐患时能够及时发出警报,提醒人们对其修理或更换,进一步提高生活安全系数。

3) 环境监测

随着工业发展和各种易造成粉尘或有害气体的材料的应用,环境状况开始受到人们越来越多的关注。人们出门前会关心空气的质量状况、是否需要戴口罩等。气象环境部门已经将无线传感器网络广泛应用于对城市周边的环境、温湿度、天气情况和空气状况等的监测,提供给广大人民群众。同时,能够及时发现污染严重的工厂,督促相关部门进行治理等。无线传感器网络还可以用于各种自然灾害的预防,能够帮助森林管理员第一时间发现火点,并预测火情状况。在农业上,可以对农作物的适宜气候环境进行预测、并对土壤的养分和湿度情况以及农作物的生长状况进行监测。

4) 其他方面的应用

传感器网络还可用于对各种设备的维护,以传感器设备检测替代人工检测,既省时省力,又减少了维护开销,在实时性方面有着出色的性能。无线传感器网络还可以应用于救援行动中,例如,游客在旅游景区内受伤无法行动时,景区内的传感器网络可以准确地定位到伤员的具体位置,及时派出救援,挽救游客的生命。传感器网络还可应用于对宇宙空间的探索、医疗保障、生理数据监测等方面。

1.2.4　无线传感器网络覆盖分类

(1) 按照无线传感器网络对覆盖区域的不同要求和不同应用,可分为三种覆盖[4]:区域覆盖(area coverage)、点覆盖(point coverage)、栅栏覆盖(barrier coverage)。

区域覆盖是在无线传感器网络的覆盖研究中最常见的覆盖问题,也是到目前为止研究最多的覆盖问题。它以保证传感器网络节点间的一定通信可靠性为前提,以部署区域多被传感器网络覆盖为目标,尽可能减少部署的节点数目,达到降低成本的目的。要求区域内的每一个离散点至少被一个传感器节点覆盖到,目的在于通过一定措施实现对区域覆盖的最大化。

点覆盖问题的研究对象则是覆盖监测区域中的一组已知的点(目标点),它只需要达到对目标区域内对有限个离散点的重点覆盖,而不需要对整个区域进行覆盖,同时还要确定覆盖这些目标点所需要的最少的节点数量及节点的具体位置。点覆盖问题的优化目标为,使监测区域内每个目标点都能够被部署的传感器节点所监测到。由此来说,一般情况下上述的区域覆盖问题也可以用点覆盖问题来近似表示。点覆盖同区域覆盖之间存在一定的相似之处,但两者还有所不同:点覆盖算法需要知道网络的拓扑结构信息以及监测目标的位置分布信息;而对于区域覆盖问题中,除了需要知道点覆盖所需的信息外,还需要知道监测区域的地理环境等信息。

栅栏覆盖用于拦截试图通过监测区域目标的问题。栅栏覆盖问题即为,当出现某个目标穿越监测区域时,是否能够捕捉到该移动目标。栅栏覆盖对于防守方,要确定对区域最佳传感器网络部署方案,使敌方目标能被监测到的概率最大;对于进攻方,则要在区域内选取一条最安全的路径,使敌方感知到的概率最小。

(2) 按照算法的实施策略,节点覆盖算法又可以分为集中式算法和分布式算法。集中式覆盖算法是将网络各个传感器节点感知到的数据信息发送给一个中心处理节点,中心处理节点对这些感知数据进行计算之后,得到控制信息,再将其发送给传感器网络中原来的每个感知节点。分布式覆盖算法则是每个传感器节点通过自己的感知数据及邻居节点的反馈信息,自己计算出控制信息并调整。从上述两种算法实现过程可以发现,集中式覆盖算法适用于小规模的网络中,其网络扩展性受到明显的限制。而分布式覆盖算法中的每个节点都能够充分利用所在局部的信息,通过与邻居节点之间的信息交流而完成部署控制,更适合应用于规模的传感器网络覆盖的部署控制实施。

(3) 按照是否需要知道节点自身的位置信息来划分,可将覆盖控制问题分为确定性覆盖和随机覆盖两种。

确定性覆盖指的是将无线传感器网络节点部署到地理信息已知并且已经计算好的位置上,这样可以根据改变节点的具体位置来控制网络的拓扑结构或通过改变节点的密度达到提高覆盖质量的目的。但由于在实际场景下,无线传感器网络的通信信道及节点的位置具有很大的不确定性,并且大部分的确定性覆盖模型都是建立在对称性的网络信道和周期性的数据流的基础上,这不符合网络拓扑结构在实际中的随机特性;并且由于传感器网络的拓扑结构复杂性,确定性覆盖算法存在很大局限性,在不可达的场景如危险或环境恶劣场所无法应用。所以,需要在不确定节点位置信息的情况下解决网络的覆盖问题,这正是研究节点初始随机部署的目的。随机部署又可应用到静态网络和动态网络中。在静态网络中,随机节点覆盖是指在节点初始随机分布并且位置不确定的情况下,通过移动的控制策略实现对目标区域的覆盖。而动态网络覆盖研究的对象则是具备一定移动能力的节点,该类网络可以通过改变节点的位置而达到动态调整,以完成区域覆盖任务。

1.3 传感器网络覆盖控制

1.3.1 休眠调度机制

无线传感器网络初始部署方式大部分为随机部署,并且为了达到覆盖要求,会采用比理想状态下需求的数目大得多的节点,这就造成传感器节点在目标区域中节点的分布密度过大,如果让所有的传感器节点同时运行,会给整个网络带来很大的但却不必要的能量消耗,也会造成感知的数据信息大量冗余和严重的无线信道分配冲突问题。因此,众多节点轮替工作的方法被提出来,挑选一部分分布均匀的节点先工作而其余节点则进入休眠[5,6],这样既能满足一定的覆盖要求,又通过休眠减少了大部分的冗余能耗,有效地延长了网络的整体寿命。

1.3.2 移动节点调节机制

不同于休眠调度机制,采用可移动节点的网络不需要在初始部署时采用大量的节点,移动节点网络只需要初始部署跟理想状态下相同或者稍多的节点,然后通过节点的移动能力,并采用一定的规则,就可以将节点部署成接近于理想覆盖的状态。虚拟力算法[7,8]就是移动规则中一个经典的应用。由分子学相关理论,两个分子在距离过近的时候会相互排斥,而在过远时又相互吸引,在传感器节点之间、传感器与目标点之间、传感器与障碍物之间人为设置"虚拟力",使节点向理想的位置调整。

1) 节点与节点之间的作用力

若传感器网络所有节点集合表示为 $S=\{s_1,s_2,\cdots,s_i,\cdots,s_n\}$,$1\leqslant i\leqslant n$,任意两节点 s_i、s_j,且 $i\neq j$,$1\leqslant i,j\leqslant n$,若 s_i 和 s_j 之间的距离小于其感知半径 R,则两个感器节间的作用力表现为斥力,其大小为

$$F(s_i,s_j)=\frac{k_a m_i m_j}{d(s_i,s_j)^a}, \quad 0<d(s_i,s_j)<R \tag{1-1}$$

若节点 s_i 和 s_j 之间的距离大于 $2R$,则两个节点之间的的作用力表现为引力,其大小为

$$F(s_i,s_j)=\frac{k_\beta m_i m_j}{d(s_i,s_j)^\beta}, \quad d(s_i,s_j)\geqslant 2R \tag{1-2}$$

其中,k_a、α 为斥力增益系数;k_β、β 为引力增益系数;m_i 和 m_j 分别是传感器节点 s_i、s_j 的质量;$d(s_i,s_j)$ 为两个传感器节点 s_i 和 s_j 之间的欧氏距离。

2) 节点与目标之间的作用力

用集合 $T=\{T_1,T_2,\cdots,T_i,\cdots,T_m\}$,$1\leqslant i\leqslant m$ 表示所有目标点的集合,则目标点 T_i 对传感节点 s_i 表现为引力

$$F(s_i, T_i) = \frac{-k_T}{d\ (s_i, T_i)^\tau} \tag{1-3}$$

其中，k_T、τ 为增益系数；$d(s_i, T_i)$ 为目标点 T_i 和传感节点 s_i 的欧氏距离。

　　3）节点与障碍物之间的作用力

　　监测区域内的环境并不会太理想，区域内会存在各种各样的障碍物。受周围的障碍物影响，传感器节点的数据采集将受到很大限制，所以在感器网络节点部署时，可设置障碍物对传感器节点有斥力作用。在该斥力的推动下，调整节点向着远离障碍物的方向移动，以优化传感器网络的覆盖效果。设集障碍物的集合为 $B = \{B_1, B_2, \cdots, B_i, \cdots, B_o\}$，$1 \leqslant i \leqslant o$。则障碍物 B_j 对传感器节点 s_i 的作用力表现为斥力

$$F(s_i, B_j) = \begin{cases} \dfrac{k_B m_i m_j}{d\ (s_i, B_j)^\theta}, & 0 < d(s_i, B_j) < R \\ 0, & d(s_i, B_j) \geqslant R \end{cases} \tag{1-4}$$

其中，k_B、θ 为斥力的增益系数；m_i、m_j 分别是传感器节点 s_i 和障碍物 B_j 的质量；R 为传感器节点的感知半径。

　　通过节点移动算法调整后，可大大提高网络的覆盖性能，减少覆盖盲区。但同时，节点在移动时也将耗费很大的能量，在使用时要综合均衡能耗和网络性能之间的关系。

1.3.3　无线传感器网络部署问题研究现状

　　无线传感器网络综合多项学科和信息处理技术，各种传感器网络的应用极大地改善了人们的生活，具有非常广阔的前景，引起了世界各国在民用领域和军事领域的研究重视。世界各所著名的大学都开设有关于无线传感器网络的研究项目，如麻省理工学院、加州大学洛杉矶分校、加州大学伯克利分校、康奈尔大学等都已经开展了相关的研究。还有许多的研究机构也已经开始对无线自组网络、网络时间同步技术、定位技术、低能耗技术、信息融合技术等关键技术进行研究[9]。

　　国家自然科学基金资助项目中有大量无线传感器网络相关项目，中国科学院的计算技术研究所、软件研究所、自动化研究所，清华大学、浙江大学、哈尔滨工业大学等国内研究单位及高校在无线传感器网络的研究方面也开始进行了大量的工作，它们主要从事无线通信协议栈、通信协议的分层和网络节点的设计、低功耗与高安全性设计、同步和定位中间件、网络管理、数据融合、质量保证技术等方面的应用研究，现在也正有越来越多的其他院校和研究院所加入到对无线传感器网络研究中来。

　　无线传感器网络的覆盖部署研究如何对传感器网络节点按照一定规则进行布局，达到网络的覆盖效果最优、覆盖范围最大、使用节点数量最少以及网络连通性的可靠。无线传感器网络部署效果的好坏直接影响对监测区域的感知性能，影响

无线传感器网络"服务质量(QoS)"等基本问题。节点的初始部署一般为在监测区域内大量、高密度抛撒,这样是为了保证无线传感器网络具有一定的覆盖性能和一定的连通可靠性,容易造成网络节点覆盖区域的冗余覆盖。而覆盖冗余则会直接导致采集到数据及其传输的冗余,导致不必要的节点能量损耗。而通过对众多节点状态进行系统性调度,让冗余的节点交替性地工作,可以有效地延长无线传感器网络的工作寿命。

对初始随机部署的大量节点进行休眠调度是一种有效的节省能耗的方法,关于既要设置一部分节点休眠,又同时要保证覆盖要求,目前的研究大体上分为两类方法:第一类,判断冗余节点并使其休眠。文献[5]提出了一种 LDAS 算法,采用随机抛撒大量节点到目标区域,再从中选择部分节点进行工作而其他节点休眠的部署策略,讨论了节点的邻居数量对网络覆盖率和连通率的影响,是冗余节点类算法的经典算法。文献[6]围绕基站划分层次,由最外到内,依据数据流量和节点能量逐步计算每一层所需要的节点数,再根据计算结果对每层节点冗余部署,缓解了在多跳网络中靠近基站的节点能耗快的问题。文献[10]提出了一种基于区域覆盖的自适应传感半径调整算法,在保证网络覆盖性能的条件下,通过节点的冗余度调整节点感知半径的大小,从而提高网络的资源利用效率。第二类,划分多边形网格,每个网格内只激活少量节点进行工作。文献[11]提出了一种基于正六边形网格的节点部署方法,对均匀和非均匀的传感器部署方案的两种优化模型中,在能量消耗最小化的约束下的连通性和覆盖的要求进行了分析,证明了网格部署的优秀性能。在动态网络中,部分节点具备移动能力,通过移动调整节点的位置可以大大改善网络的覆盖性能,文献[7]应用虚拟力算法对随机部署在监测区域的节点进行位置调整,使区域内节点的分布十分均衡。文献[12]通过记录邻居节点的数量和位置信息计算节点域的刚性强度和局部覆盖度,将节点移动至刚性-覆盖值更高的位置,得到了稳定的覆盖率和较高的连通度。

随着应用场景和条件的增多,无线传感器网络感知、传输的数据类型也越来越多,而且不同的数据类型要占用更多的无线带宽资源。异构传感器网络的概念最早由 Duarte[13]于 2002 年提出,异构传感器网络是指构成网络的节点类型不同,它们在携带能量、感知能力、计算能力、链路传输能力和通信能力等方面与一般的节点不同,节点的异构性导致了网络结构的不同,所以异构网络异构性的根源为节点的异构性。由于通信链路失效、节点失效、网络拥塞和部署区域地形等随机事件的影响,每个节点的能耗也不同,绝大部分传感器网络都在能量上表现出异构性,再加上原本节点的不同类型影响,导致传感器网络出现异构化[14]。在异构网络中,覆盖控制仍然是一项需要解决的基本问题。

文献[15]针对节点感知半径不同的异构传感器网络中的节点冗余问题,把节点按邻居节点的不同位置进行分类,研究了每组邻居节点的覆盖率与工作节点个数之间的约束关系,并在此基础上判断冗余节点,提高网络的效率和寿命。文献[16]研究了在两种感知范围不同的异构网络中,节点数目对网络单连通度和重复连通度的影响关系,对实现一定连通度时所需要的节点数量提供了一个参考。文献[17]分析了在异构传感器网络中,不同类型节点不同覆盖范围下的冗余问题,找出节点数量和冗余度之间的关系,并通过限定网络冗余度来计算所需不同节点的数量,在满足一定覆盖率的条件下,减少了网络成本。文献[18]参考同构传感器网络中基于能量考虑的部署方法,围绕基站划分层次,部署普通节点和转发消息的节点。文献[19]在两种不同能量级节点的网络中,根据两种节点的不同能耗,计算得到所需两种节点的比例,并在此基础上提出节点部署算法,一定程度上延长了网络寿命。文献[20]在存在障碍的监测区域内,用 Delaunay 三角剖分法划分三角形的方法,实现对目标区域的高效覆盖。文献[8]结合虚拟力算法和差分算法,通过异构节点间的虚拟力影响差分算法的位置向量更新过程,指导种群进化,实现了网络节点的布局优化。文献[21]在不同感知范围的异构传感器网络中,应用遗传算法迭代计算并移动节点至新的位置,使感知范围大小不同的节点均匀分布在监测区域,极大地提高了网络的覆盖质量。文献[22]针对感知半径不等的异构传感器网络,在覆盖区域中随机采样直线,并对采样直线上的覆盖进行优化,在多次采样后,可实现对整个区域的覆盖优化。

1.4　数　据　融　合

1.4.1　数据融合的意义

由于传感器节点所能携带的能量受到限制,传感器节点通过数据的融合可以有效减少感知数据中的冗余信息,从而减少转发消息的数据大小,最终有效地节省总体上消耗的能量。但由于传感器网络的特点,其节点在处理数据信息的时候也可能会丢失一些的有用的数据信息,从而造成网络性能降低,而且数据融合的方式也增加了传感器处理器的工作强度,增多了该模块的能量消耗。因此数据融合在节省数据转发能耗、提高数据准确性的同时,也在其他方面有一定的损失,所以在实际应用中,需要综合考虑多方面因素,均衡能耗和网络性能之间的关系。

1.4.2　常用的数据融合方法

无线传感器网络中传感器节点可以采集包括图像、声音、磁场、温度、湿度、视频、振动等多种信息,而这些信息本身具有时空及频谱的冗余关联特性,并且与环境之间存在着较强的耦合关系。利用这些信息对环境及目标参数进行准确有效的估计和辨识,需要设计分布式协同处理算法对系统或环境的不确定性进行处理。

1) 联合感知

概率感知模型下,节点间的非确定感知区域(概率感知区域)交叠部分的数据融合,联合感知是最简单常用的一种方法。假设集合 S 为传感器网络所有节点的集合,则任一点 q 在联合感知下的感知概率表示为

$$I(q) = 1 - \prod_{s_i \in S}(1 - I(s_i, q)) \tag{1-5}$$

2) 证据理论

证据理论[23]是 1967 年由 Dempster 提出,后来又由 Shafer 发展并加以扩充,所以又被称作 D-S 理论。证据理论能够处理那些由于数据源不充分而引起的不确定性的数据。证据理论擅长处理包含冲突的数据融合问题,尤其是在收集多种感知数据类型的异构传感器网络中,加上概率感知模型的应用,可以充分利用所有异构节点的感知资源。

U 表示其识别框架,U 内所有元素为证据理论的可能取值且互不相容,$m(A)$ 表示命题 A 的基本概率赋值。监测区域中任意一点的识别框架为 $U = \{H_0, H_1\}$,其中 H_0 表示"未被监测到",H_1 表示"监测到"。

设 $m_1, m_2, \cdots, m_n$ 分别为同一个识别框架 U 上的基本概率分配函数,其焦元分别为 $A_i(i=1, 2, \cdots, k)$,$B_j(j=1, 2, \cdots, l)$,$\cdots$,$Z_k(k=1, 2, \cdots, t)$,则 n 条证据的合成公式为

$$m(A) = \begin{cases} \dfrac{\sum\limits_{A_i \cap B_j \cap \cdots \cap Z_k = A} m_1(A_i)m_2(B_j)\cdots m_n(Z_k)}{1 - K_1}, & \forall A \subset U, A \neq \varnothing \\ 0, & A = \varnothing \end{cases} \tag{1-6}$$

其中,$K_1 = \sum\limits_{A_i \cap B_j \cap \cdots \cap Z_k = \varnothing} m_1(A_i)m_2(B_j)\cdots m_n(Z_k) < 1$,表示证据冲突的程度。若 $K_1 \neq 1$,则赋予其一个基本概率值;若 $K_1 = 1$,则认为 $m_1, m_2, \cdots, m_n$ 矛盾,不赋予基本概率值。K_1 的大小能反映证据冲突程度的强弱,系数 $\dfrac{1}{1 - K_1}$ 称为归一化因子,其作用是能够避免在数据合成时把非零的概率值赋给空集。

3) 粗糙集

粗糙集(rough set)理论[23]为那些特别是附带噪声的、不可靠和不完全的信号数据的分析提供了严格的数学工具。它可以把所有的类型知识看成是一个个划分的论域,认为所有的知识都是有一定粒度的,而所划分的粒度大小影响只是的精确性。粗糙集理论的核心思想是,充分利用已经存在的一些数据信息,通过对信息数据的约简,从大量数据中找到一定规则。用数学形式来描述一个信息系统,即 $S = (U, A)$,其中,A 为对象属性,U 为对象论域,A 和 U 为非空有限集合;对象属性元素定义为 $a: U \to V_a$,其中 V_a 为对象属性 a 的值域。用其进行数据融合的步骤为:

步骤 1　把已存在的数据信息作为一个样本,结合已得到的结论编制初始信息表,建立一个关系库。

步骤 2　对初始信息表中的连续数据信息离散化,对不同的属性及相应的结论在一定基础上进行分类。

步骤 3　通过信息约简和核等方法去掉其中的重复及冗余信息,得到一个简化的属性信息表。

步骤 4　对简化属性信息表分类,求出核值。

步骤 5　根据样本信息表和约简得到的核值信息列出相应的决策。

步骤 6　汇总信息,通过知识推理得出数据融合的算法关系。

参 考 文 献

[1] 孙利民,李建中,陈渝,等. 无线传感器网络. 北京:清华大学出版社,2005.

[2] 李虹. 无线传感器网络中节能相关若干关键问题研究[博士学位论文]. 合肥:中国科学技术大学,2007.

[3] 王殊,阎毓杰,胡富平,等. 无线传感器网络的理论及应用. 北京:北京航空航天大学出版社,2007.

[4] 王力立. 无线传感器网络节点部署及拓扑重构问题研究[博士学位论文]. 南京:南京理工大学,2014.

[5] Gao Y, Wu K, Li F. Lightweight deployment-aware scheduling for wireless sensor networks. ACM/ Kluwer Mobile Networks and Applications(MONET),2005,10(6): 837-852.

[6] Zhao X C, Zhou Z, Li Z, et al. Redundancy deployment strategy based on energy balance for wireless sensor networks. 2012 International Symposium on Communications and Information Technologies(ISCIT),2012:702-706.

[7] Yu X Y, Huang W P, Lan J J. A novel virtual force approach for node deployment in wireless sensor network [J]. Distributed Computing in Sensor Systems(DCOSS),2012:359-363.

[8] 李明,石为人. 虚拟力导向差分算法的异构移动传感器网络覆盖策略. 仪器仪表学报,2011,(5):1043-1050.

[9] Errarnilli V, Bestavros A. On the interaction between data aggregation and topology control in wireless sensor networks. 2004FirstAnnual IEEE Communications Society Conference on 4-oct,2004:557-565.

[10] 韩志杰,吴志斌,王汝传,等. 新的无线传感器网络覆盖控制算法. 通信学报,2011,32(10):175-184.

[11] Liu X X, Li R Y, Huang N. A sensor deployment optimization model of the wireless sensor networks under retransmission. 2014 IEEE 4th Annual Inter- national Conference on Cyber Technology in Automation,Control,and Intelligent Systems(CYBER),2014:413-418.

[12] 夏娜,郑语晨,杜华争,等. 刚性驱动水下传感器节点自组织布置. 计算机学报,2013,(3):494-505.

[13] Melo E J D, Liu M. Analysis of energy consumption and lifetime of heterogeneous wireless

sensor networks. Proe of the GLOBECOM 2002,2002：21-25.

[14] 卿利,朱清新,王明文. 异构传感器网络的分布式能量有效成簇算法. 软件学报,2006,17
(3)：481-489.

[15] 孙力娟,魏静,郭剑,等. 面向异构无线传感器网络的节点调度算法. 电子学报,2014,
(10)：1907-1912.

[16] Guan Z Y, Wang J Z. Research on coverage and connectivity for heterogeneous wireless
sensor network. The 7th International Conference on Computer Science & Education(ICCSE
2012),2012：1239-1242.

[17] Gupta, H P, Rao, S V, Venkatesh T. Analysis of the redundancy in coverage of a
heterogeneous wireless sensor network. 2013 IEEE International Conference on
Communications(ICC),2013：1904-1909.

[18] Yuan H Y, Liu W Q, Xie J S. Prolonging the lifetime of heterogeneous wireless sensor
networks via non-uniform node deployment. 2011 International Conference on Internet
Technology and Applications(iTAP),2011：1-4.

[19] Hu N, Wu C D, Ji P, et al. The deployment algorithm of heterogeneous wireless sensor
networks based on energy-balance. 2013 25th Chinese Control and Decision Conference
(CCDC),2013：2884-2887.

[20] Gao J J, Zhou J P. Delaunay-based heterogeneous wireless sensor network deployment. 2012
8th International Conference on Wireless Communications, Networking and Mobile
Computing(WiCOM),2012：1-5.

[21] Yoon Y, Kim Y H. An efficient genetic algorithm for maximum coverage deployment in
wireless sensor networks. IEEE Transactions on Cybernetics,2013：1473-1483.

[22] 杜晓玉,孙力娟,郭剑,等. 异构无线传感器网络覆盖优化算法. 电子与信息学报,2014,
(3)：696-702.

[23] 潘泉,程咏梅,梁彦,等. 多源信息融合理论及应用. 北京：清华大学出版社,2013.

第一篇

基于信息融合的水下传感器网络部署

第 2 章　水下传感器网络部署问题研究进展

2.1　水下传感器网络部署

　　水下传感器网络构建成本和感知效率以及对被监测区域的监测精度部分取决于部署算法的优劣。要想降低部署成本,提高对被监测区域的感知效率,就需要有稳定可靠的水下传感器节点部署算法。水下传感器网络部署性能的好坏,可通过网络对被监测区域的检测服务质量的高低进行评价判定。

　　水下传感器网络的部署主要有两种方式:一种是通过飞机或者是船舶等在海面对目标区域进行水下传感器节点的部署,需要对可能的部署轨迹进行分析,确保部署节点效率的最大化;另一种是对给定的目标区域,提前进行分析设计,确定每个节点需要布放的位置和深度等信息,利用锚链节点、浮标节点等不同的节点对被监测区域进行部署,确保对于被监测区域的有效覆盖。目前多采用提前进行信息预置的部署方式,这种布设方式在成本较低的情况下更容易满足覆盖要求。

2.2　水下传感器网络节点部署研究进展

　　水下传感器节点所处的水下环境比较复杂,经常受到洋流、自身重力、海水浮力作用的影响,由于节点部署的随机性以及海洋环境的复杂性,很容易出现节点失效和覆盖漏洞问题,需要通过相关节点的调整去弥补失效节点出现的覆盖漏洞。

　　文献[1]详细地描述了水声信道传感器网络所面临的挑战,文中通过分析各种通信方式的优缺点,确定了水下传感器网络的通信方式。叙述了水下传感器网络的主要用途,与传统的陆地无线传感器网络和水下监测机制进行对比,说明了目前的研究工作所要面临的主要挑战。介绍了水声信道网络的模型,包括静态二维模型、静态三维模型和带有 AUV 的三维模型。分析了水声通信网络在模型设计过程中面临的挑战,如与陆地网络的不同、水下传感器节点的设计、协议堆栈的设计、实时通信等。分析了传输过程中的一些基本问题,如路径衰减、噪声、多径问题、高延迟、多普勒效应等。

　　文献[2]建立了一个三维的水下传感器网络模型,在此模型基础上提出了节点移动的算法,按照节点移动方向与洋流方向的关系分为两种情况分别讨论,考虑到实际的应用环境,有针对性地提出了简单易行的方案,但在仿真工具上有一定的局限性。

水下传感器网络的传感器节点并不是孤立的,而是可以相互通信和协作的,文献[3]在此基础上提出了基于检测信息融合的部署策略,将部署区域分为正方形和正三角形两种网格,对于检测信息进行分区域融合,实现高效的区域全覆盖。

文献[4]引入刚性图理论,提出了一种基于骨架提取的水下传感器网络刚性定位判别方法。该方法首先将水下传感器网络构建为无向图,然后通过"伪节点剔除"和"割边剔除"等策略提取具有全局刚性的子图,即网络的骨架,从而完成网络及节点可定位性的判别,最后利用层次分析法对可定位节点进行"定位可信度"综合排序,为定位计算提供指导和依据。

文献[5]提出了一种基于体心立方格的三维传感器网络部署与组织算法,这种确定部署基于虚拟体心立方格单元可以有效地确保节点的覆盖效率,但对随机部署有很大的限制。

文献[6]针对三维水下监视网络的应用,提出了用于水下移动目标监测的一种拓扑生成算法。水下传感器节点可以通过在垂直方向上进行移动,构建水下传感器网络结构,确保水下传感器监测网络具有较高覆盖率。

文献[7]将海底的二维传感器网络与水中的三维网络相结合,提出了一种水下传感器网络的部署算法,在实现最优感知和传输覆盖的基础上实现节点的最少化;采用移动节点弥补失效节点造成的影响,保证系统的鲁棒性。

文献[8]提出了一个基于浮标的三维水下传感器网络部署结构,最初节点与浮标相连随机抛撒,抛撒到目标区域之后将节点调节到不同的深度,从而构成一个三维水下传感器网络。

文献[9]将目标区域分为热点区域和普通区域,为了有效控制各区域的节点部署密度,提出了一种新的非均匀部署策略,从而使得传感器网络的总体能量消耗降低,达到延长生命周期的目的。

文献[10]提出了在保证覆盖率和网络生存期的前提下的最少节点部署算法。从提高能量效率和降低能量两个角度给出了节点数量递减的重叠放置方法和节点密度递减的随机部署方法。在一个位置上以数量递减方式放置多个节点,从而保证所有的节点能量最终能同时耗尽,最大限度地延长网络生存期。

水下传感器节点部署的密度递减的随机部署方法是以 sink 节点为中心,将监测区域分成一个个的圆环,每个圆环区域内的节点密度与圆环到 sink 节点的距离成反比,即距离越远,密度越小,反之,离 sink 节点的距离越近,所部署水下传感器节点的密度越大。这是考虑到在多跳的情况下离 sink 节点越近的节点需要转发的数据越多,能量消耗越多,其实质与节点数量递减的重叠放置方法是相同的,都是使得能量消耗量大的区域部署较多的节点。

文献[11]针对环境因素,特别是水声通信的特性与区域划分,将水下传感器网络设计者和敌对目标作为对立的双方,设计者都有自己的设计习惯和癖好,智能的敌对目标可以利用这个信息进行行动,文献[11]正是从这个角度出发,提出博弈论模型(game theory field design,GTFD),与只是单纯考虑区域划分大小和传感器半径的部署模型进行对比,取得了很好的效果,并且该模型在目标非智能的情况下效果也更好。由于尺寸区域设计(size-aware field design,SAFD)和半径区域设计(radius-aware field design,RAFD)都只是从尺寸或者半径一个方面去考虑,当两个因素同时发生变化时这两种模型难以得到较好的效果。

文献[12]主要围绕解决两个问题进行研究:第一,对于给定的三维网络,能够保证达到全覆盖的传感器最小密度;第二,三维 K 覆盖网络的连通性以及有条件连通性是什么。首先给出了传感器节点的覆盖模型,也就是球面四面体,在此基础上推导出其体积公式和要想保证三维 K 覆盖的最小节点密度,并给出其充要条件。分析网络的连通性,得出覆盖度与感知半径、传输半径以及 K 的关系,针对节点连接部分的不同分为单节点、两种不同边界和大量节点三种情况进行讨论。

文献[13]针对仅考虑对目标全覆盖而忽略连通性的不足进行改进,研究了在二维规则网格布放条件下传感器通信半径等于感知半径时传感器网络连通性和全覆盖问题,使检测区域实现全覆盖和传感器节点之间的全连通。结合节点的定位问题研究了一种新的传感器节点布放方案,该方案连通性好、节点定位精度高及可扩展好。

文献[14]设计了一种基于浮标水下传感器网络的水下传感器节点控制算法,使得在满足覆盖的基础上多余的节点处于休眠状态,从而节省节点的能量,延长网络的寿命。

文献[15]提出了一种水下传感器网络遗传部署算法,算法利用环境数据和其他几个不需要同时考虑的因素设计部署策略。将遗传算法应用到网络部署上,分别使用网格区域部署和簇头节点的部署方法,利用遗传部署算法进行优化。该算法的连通性是瓶颈,不如网格区域算法。

文献[16]提出了一种利用数据融合实现对水下移动目标跟踪的水下传感器网络部署算法。通过从水声方位信号和从电极阵列得到的移动目标位置数据用卡尔曼滤波器进行数据融合,实现对目标的跟踪。这种方法的局限性在于,电磁波在水下通信时很容易被水吸收,衰减很快,只能进行短距离的通信。文献[16]所提出的方法也只适合于浅水区域,但这种方法对于动态的目标跟踪是个很好的选择。

文献[17]提出了一种混合的水下无线传感器网络,在水下利用水声信道进行通信,在水面上利用无线电波进行通信。设计了一种可以在水下区域上下移动的节点,首先在水下搜集数据,并利用水声信道进行节点之间的通信和数据传输,然后关闭所有的接口进行上浮直到漂浮在水面上,在水面上利用短距离的无线电波进行通信或者是利用远距离的无线电波与陆地上的基站进行通信,当通信完成之后,关闭接口,开始下潜,一直到给定的深度,打开水声通信接口,进行新一轮的检测。由于水下传感器节点在移动过程中的能量损耗很大,这种结构的缺点是没有考虑在移动节点在上下移动过程中消耗能量的问题。

文献[18]介绍了在水下利用可见光进行通信,具体分析了波长和光源的选择和发送接收机制,通过实验测试在保证错误率的前提下的传输速率,测量在空气中和水中的传输范围(最大不到 2m),在此基础上分析了远距离的传输速率。

2.3　水下传感器网络的通信方式

水下传感器网络的通信方式对部署方式有重大影响,水下传感器网络节点之间的通信主要有无线电波通信(衰减严重)、激光通信(需要直线对准传输,传输距离短)、水声信道通信(目前主要采用的手段)。水声信道通信可以很好地满足水下传感器之间的通信。通信节点主要由固定节点、移动节点、接收节点三种类型的传感器节点组成,固定节点和移动节点的数据传输方式主要是单输入单输出(SISO),或者是通过 PPP-IP,在与接收节点进行数据传输通信是单输入多输出(SIMO)。

激光光子通信是国际通信前沿研究领域的一个重要的研究方向,近年来激光光子通信技术被广泛应用于深空通信,非可视散射通信和水下通信等领域。文献[19]研究了水下光子通信技术在水下观测和海底检测的应用需求。

蓝绿激光水下通信技术是水下激光引信探测技术的研究基础。文献[20]对蓝绿激光加载数字脉冲信号后在水下的通信效果进行了研究,分析了引起蓝绿激光水下传输衰减的因素,设计了蓝绿激光水下信号传输实验系统,测试了光发射接收组件在不同水质和不同距离下的通信误码率。

文献[21]针对正交频分复用技术的峰均功率比较高且对多普勒频偏敏感等问题,提出基于分频带传输的单载波水声通信技术,为水下高速通信领域提供了一种可行性方案。该方案将相对较宽的通信频带划分为若干子带,在每个子带间插入保护频带,以消除载波间干扰,并开展了水声通信试验。

文献[22]基于 BELLHOP 高斯束射线模型提出了一种适用于复杂水下传感器网络的水声信道传播的系统仿真模型。与传统的仿真模型相比,考虑了水流的波动、风、船只的航行、温度等外界因素影响,仿真效果更接近于实际环境。

文献[23]重点介绍了水下光学通信的一些关键技术,以及水下光学通信的影响因素。水下通信主要有光纤通信、水声学通信和光通信。光纤通信由于成本比较高,应用较少,水声学通信是当前的主要方式,技术成熟,可以长距离传输,但其传输速率低、容易多径干扰、延时时间长。而光学通信,主要是可见光通信传输速率高、成本低、体积小、方向性强,但其在水中的衰减比较大,只能用于短距离的传输。

文献[24]叙述了一种关于水声信道与电磁信号的结合使用。利用成对水听器之间信号接收的延迟去确定目标的方位,通过两次信号延迟的变化去确定方位的变化,同时可以估计目标的距离以及移动的速度。这种方法可以用于水下移动目标的监测和跟踪。

文献[25]根据水下通信的特点,分析了无线电信号以及水声信号通信的特点,提出了一种鲁棒性较好的基于网格的水下光学传感器网络部署算法。光学通信不同于水声信道,具有多方向性的特点,需要考虑接口的数目问题。首先,将目标区域划分成四个象限,对于每个象限将其做网格划分,然后根据节点接口数目的不同进行部署结构的设计。

文献[26]介绍了水下光学通信网络的信道模型,以及利用矢量辐射传输理论对水下光学通信网络的信道模型进行性能评估。水下光学通信中光信号吸收的主要因素有:水下目标区域纯净水或者海水、浮游组织、碎屑组织、矿物质成分、有色可溶性有机物。产生色散的主要因素有:浮游组织、碎屑组织和矿物质成分等。水下噪声信号的产生主要有环境噪声、暗电流噪声、热噪声和散粒噪声等。

文献[27]对于水下传感器网络中的水声通信从各个方面进行了详细的分析。包括水下浮游生物的吸收、多路径效应、多普勒分散,以及声速和传输频率等的影响。论证了水下传感器网络结构与传输效率的关系,并进行仿真验证。

2.4　本章小结

本章首先介绍了水下传感器网络部署的基本知识,然后从水下传感器网络部署算法、通信方式两方面,对目前国内外在水下传感器网络部署方面的相关研究进行分析,进而展开说明目前水下传感器网络在部署问题方面的进展,探索水下传感器网络部署方面未来可能的研究内容和发展方向。

参 考 文 献

[1] Caiti A, Felisberto P, Husoy T, et al. UAN — underwater acoustic network. Oceans, IEEE, 2011: 1-7.

[2] 曾斌,钟德欢,姚路. 考虑水流影响的水下传感器网络移动算法研究. 计算机应用研究, 2010,27(10): 3921-3928,3931.

[3] 黄艳,梁炜,于海斌. 一种高效覆盖的水下传感器网络部署策略. 电子与信息学报,2009,31(5): 1035-1039.

[4] 夏娜,王诗良,郑榕,等. 基于骨架提取的水下传感器网络刚性定位判别研究. 计算机学报, 2015,38(3): 589-601.

[5] 刘华峰,金士尧. 基于体心立方格的三维传感器网络部署与组织. 计算机科学与工程, 2008,30(4): 109-112.

[6] 刘华峰,陈果娃,金士尧. 三维水下监视传感器网络的拓扑生成算法. 计算机工程与应用, 2008,44(2): 163-168,171.

[7] Pompili D, Melodia T, Akyildiz I F. Three-dimensional and two-dimensional deployment analysis for underwater acoustic sensor networks. Ad Hoc Networks, 2009,7(4): 778-790.

[8] Cayirci E, Tezcan H, Dogan Y, et al. Wireless sensor networks for underwater survelliance systems. Ad Hoc Networks, 2006,4(4):431-446.

[9] 钟德欢,曾斌,姚路. 基于功率控制的水下声学传感器网络部署. 火力与指挥控制,2011,36 (9): 115-117,121.

[10] 温俊,窦强,蒋杰,等. 无线传感器网络中保证覆盖的最少节点部署. 国防科技大学学报, 2009,31(3): 76-81.

[11] Golen E F, Mishra S, Shenoy N. An underwater sensor allocation scheme for a range dependent environment. Computer Networks the International Journal of Computer & Tele-communications Networking, 2010,54(3):404-415.

[12] Ammari H M, Das S K. A study of k-coverage and measures of connectivity in 3d wireless sensor networks. IEEE Transactions on Computers, 2010,59(2):243-257.

[13] Zhang Y, Li X, Fang S L. A research on the deployment of sensors in underwater acoustic wireless sensor networks. IEEE, 2010: 1-4.

[14] Cai W Y, Liu J B, Zhang X T. CDS-based coverage control algorithm for buoys based sensor networks. Oceans, IEEE, 2010:1-5.

[15] Golen E F, Yuan B, Shenoy N. Underwater sensor deployment using an evolutionary algo-rithm. International Conference on Wireless Communications and Mobile Computing: Connecting the World Wirelessly, ACM, 2009:1141-1145.

[16] Dalberg E, Lauberts A, Lennartsson R K, et al. Underwater target tracking by means of acoustic and electromagnetic data fusion. Information Fusion, 2006 9th International Conference on IEEE, 2006:1-7.

[17] Ali K, Hassanein H. Underwater wireless hybrid sensor networks. Computers and Commu-nications, 2008. ISCC 2008. IEEE Symposium on. IEEE, 2008:1166-1171.

[18] Schill F, Zimmer U R, Trumpf J. Visible spectrum optical communication and distance sensing for underwater applications. Proceedings of ACRA, 2004:1-8.

[19] 孙志斌,黄振,叶蔚然,等. 深空、自由空间、非可视散射和水下激光光子通信. 红外与激光 工程,2012,41(9): 2424-2431.

[20] 沈娜,郭婧,张祥金,等. 激光水下通讯误码率的影响. 红外与激光工程,2012,41(11): 2935-2939.

[21] 韩笑,郭龙祥,殷敬伟,等. 基于分频带传输的单载波水声通信技术研究. 兵工学报,2016, 37(9): 1677-1683.

[22] King P, Venkatesan R, Li C. An improved communications model for underwater sensor net-works. IEEE GLOBECOM 2008-2008 IEEE Global Telecommunications Conference, IEEE, 2008:1-6.

[23] 隋美红. 水下光学无线通信系统的关键技术研究[博士学位论文]. 青岛:中国海洋大

学,2009.

[24] Dalberg E,Lauberts A,Lennartsson R K,et al. Underwater target tracking by means of acoustic and electromagnetic data fusion. Information Fusion,2006 9th International Conference on IEEE,2006:1-7.

[25] Reza A,Harms J. Robust grid-based deployment schemes for underwater optical sensor networks. 2009 IEEE 34th Conference on Local Computer Networks (LCN 2009) Zürich, Switzerland,2009:20-23.

[26] Jaruwatanadilok S. Underwater Wireless Optical Communication Channel Modeling and Performance Evaluation using Vector Radiative Transfer Theory. IEEE Journal on Selected Areas in Communications,2008,26(9):1620-1627.

[27] Gu X P,Yang Y,Hu R L. Analyzing the Performance of Channel in Underwater Wireless Sensor Networks(UWSN). Procedia Engineering,2011,15:95-99.

第3章 基于深度信息的水下传感器网络部署算法

3.1 引　言

水下传感器网络利用传感器节点实时监测和采集网络分布区域内的各种信息,经数据融合等方式进行信息处理后,通过具有远距离传输能力的水下传感器节点将实时监测信息送到水面基站,然后通过近岸基站或卫星将实时信息传递给用户。

Nirvana 等[1]提出了一种协同的嵌入式潜艇监视网络,介绍了潜艇监视网络所面临的挑战,详细讲解了各种新的技术和方法的应用。基于水声网络可以很好地满足水下传感器节点之间通信的特点,提出了一维、二维、三维相结合的水下传感器模型:一维线性水下传感器节点与主干网络相连,用来搜集节点数据,进行数据的融合;二维水下传感器节点部署在同一深度,去实时检测和获取数据;三维的移动水下传感器节点用来补充二维节点之间的空隙,提高检测的准确度和可靠性。

Erdal 等[2]提出了一种基于浮标的三维水下传感网络部署结构,最初水下传感器节点与浮标相连随机抛撒,落入水中之后将节点调节到不同的深度,从而构成一个三维的水下传感器网络。这种部署方法很容易实现,但是稳定性不高,容易受到周围暗流、船只等环境因素的影响。Kelli 等[3]提出了对联合追踪水下移动目标的动态水下传感器网络的鲁棒性部署算法,确保了动态水下传感器网络的鲁棒性,但是降低了水下传感器网络的整体监测性能。

Kemal 等[4]提出了一种由锚链固定在海底且可以调节深度的水下传感器节点构成的水下传感器网络,同样可以很容易地达到三维水下部署的效果,但在部署的过程中水下传感器节点的能耗比较大,不能很好地确保传感器网络寿命。Michael 等[5]针对近海浅水海域提出了一种基于自主式水下航行器(AUV)的水下传感器网络最优化部署算法,并取得了很好的覆盖效果,但该算法只能应用于近海浅水海域的监测,对于深海区域效果不太明显。

Erik 等[6]针对复杂的水下环境因素,特别是水声信道传输特性与区域划分,将设计者和敌对目标都作为对立的双方,利用了博弈论的思想对水下传感器节点的部署进行优化,但当两个因素同时发生变化时,不能得到很好的覆盖效果。Carrick 等[7]提出了一种水下传感器节点深度(最深可达 50m)可自动调整的系统(在自主设计节点的基础上进行实验),主要结合实际的设计和应用,节点同样是通过锚固定在海底,通过调节锚线的长度来调节深度,这种网络系统可以快速高效地部署三维水下传感器网络结构。

水下移动目标的出现或变化往往有一定的规律或受某些因素的制约,如鱼群的游动与季节的联系、水质信息收集与海流的联系、船舶舰艇航行与航道的联系等。目前水下传感器网络的研究中,较少考虑目标有关的信息来优化网络部署。

核潜艇具有其自身固定的下潜极限深度,亦称最大下潜深度,是潜艇耐压艇体耐压强度所能允许的下潜深度的最大值,潜艇在此深度只能作有限次数的短时间逗留。此外,设计潜艇时计算艇体强度的深度,称为设计深度。通常为极限深度的1.3~1.5 倍,以保证水中武器在潜艇附近爆炸或潜艇超越极限深度时,仍具有一定生存力。由于潜艇使用中可能出现设备故障、进水以及艇员操作失误等,即使采取各种措施挽回,但仍可能造成潜艇短时超过极限深度。因此,要求潜艇设计时要具有一定的超深能力,才能保证潜艇安全。所以,对于某一级别的潜艇,其下潜深度以及安全航行的深度是固定的,对于一定深度以下是不可能有潜艇的[8]。

对目标区域进行均匀分层,用于对水下移动目标监测这个具体应用来说,就会造成水下传感器节点的浪费,所以,可以以此应用为基础,结合水下移动目标的深度信息以及水下传感器节点的所在位置的深度信息是易知的这一前提,优先考虑最重要层次即所谓的热点区域的部署,再进行向上和向下的延伸,从而构建有侧重区域的分层次的立体水下传感器网络部署,从而可以更加高效地部署水下传感器网络。

本章提出的算法结合水下声学传感器网络的特性,利用水下移动目标出现深度信息的先验概率模型,提出依概率使水下传感器网络节点密度按高斯分布进行部署的部署算法,在达到覆盖率要求的前提下可以有效地减少在目标区域部署节点的数目,有效地延长水下传感器网络的使用寿命,降低水下传感器网络的部署成本,最终实现水下传感器网络空间资源的优化配置。

3.2 相 关 知 识

3.2.1 水下传感器网络节点

水下传感器网络节点根据结构的不同,可以分为通过锚链锚定在海底且锚链长度可以调节的水下传感器节点;通过与浮标相连漂浮在海面且深度可调的浮标传感器节点,可以自由移动的搭载在 AUV 上构成的移动水下传感器网络节点[9]。

不同的水下传感器节点可以构成不同类型的水下传感器网络,有些是只用水下锚定的传感器节点构建水下传感器网络,这种水下传感器网络通过调节锚链的长度达到构建三维水下传感器网络的目的,多用于对海底附近区域的水文环境等的监测。有些是只用漂浮在水面的浮标传感器节点构建,这种同样可以在部署完成之后通过调节牵引线的长度达到三维部署的目的,多用于对近水面区域的水文环境、生物种类等的监测。另外一种是利用一些可以水下自由移动的辅助设备,将水下传感器节点附属在上面,构成移动节点,利用这样的节点去构建新型的水下传感器网络。

还有一些是混合利用以上几种水下传感器节点进行组网,这样的水下传感器网络可以满足更大自由度的感知需求,同时也可以达到更大范围更精确的监测网络。大多数情况下,水下移动传感器节点只是作为以上几种水下传感器节点配合使用,以弥补以上两种水下传感器节点移动范围小的不足。随着技术的发展,水下移动传感器节点日益成熟,移动的水下节点部署可以很好地扩大监测区域,增加监测的机动性,本章只采用移动节点来组网构成水下传感器网络。

3.2.2　水下传感器节点感知模型

为了解决水下传感器节点部署和水下传感器网络覆盖的问题,必须建立水下传感器节点感知模型。水下传感器节点的感知模型描述了节点的作用半径和检测能力,由传感器的自身物理特性所决定[10]。在水下传感器网络中,水下传感器节点一般采用概率感知模型,比较典型的就是 K 覆盖模型。这里采用经典的二元感知模型。

假设三维空间中有一水下传感器节点 $s_i(x_i, y_i, z_i)$,则其到周围空间中任意一点 $p(x, y, z)$ 的距离为 $d(s_i, p) = \sqrt{(x-x_i)^2 + (y-y_i)^2 + (z-z_i)^2}$,即欧氏距离,采用三维空间中传感器节点的二元感知模型可确定节点 p 被传感器节点 s_i 探测到的概率为

$$C_p(s_i) = \begin{cases} 1, & d(s_i, p) \leqslant r_s \\ 0, & d(s_i, p) > r_s \end{cases} \tag{3-1}$$

其中,r_s 表示传感器节点的感知半径。

式(3-1)表明,若空间中任意一点 p 与水下传感器节点 s_i 之间的欧氏距离小于或等于感知半径,则认为该传感器节点可以探测到这一点,若两者之间的距离大于感知半径,则认为该传感器节点不能探测到该点。

3.2.3　水下传感器覆盖率的计算

对于任意一个水下传感器节点 s_i,由式(3-1)可知,当水下传感器节点的感知半径 r_s 相同时,由于其所在空间的覆盖体积只与感知半径有关,所以其覆盖体积也都相同,且为

$$V_s = \frac{4}{3} \pi r_s^3 \tag{3-2}$$

为了描述水下传感器网络的覆盖质量,需要计算水下传感器节点对于被监测区域的检测率。根据前面所述的感知模型,定义检测率为被水下传感器节点覆盖的被测目标数与总的被测目标数的比值,即

$$P = \frac{\sum_{j=0}^{m} n_j}{N}$$ (3-3)

其中,n_i 为第 j 层被检测到的目标数;m 为目标区域被划分的层次数;N 为总的目标数。

3.3　部署算法描述

3.3.1　基本假设

为了便于水下传感器网络模型的建立和描述,给出以下假设:

(1) 所有水下传感器节点的感知半径都相同,且每个传感器节点的感知范围都是一个半径为 r_s 的球形区域。

(2) 所有水下传感器节点均按照随机均匀部署的方式布随机抛撒于目标区域形成初始部署。

(3) 所有水下传感器节点都可以获取自身位置,且有一定的移动能力。

(4) 所有水下传感器节点通信半径大于 2 倍的探测半径,即保证覆盖问题可以涵盖连通问题。

(5) 所有水下传感器节点具有活跃和休眠两种工作状态,并能够根据不同的环境在二者之间进行切换,节点能耗与时间呈线性关系,且不考虑节点状态转换的能耗。在活跃状态时,节点能耗高;在休眠状态时,节点能耗低。

3.3.2　算法步骤

步骤 1　将目标区域按照 $2r_s$ 进行分层,节点均匀部署在每个层次。

根据水下移动目标活动深度的概率模型,建立水下无线传感器网络的非均匀部署模型。假定水下移动目标出现的概率模型为高斯分布,在连续的深度方向上进行分层,对监测区域进行深度方向上的层次划分,每个目标层次的深度为 $2r_s$,在同一目标层次内的水下传感器节点进行均匀部署。

热点深度区域附近水下移动目标出现的概率较大,其他区域的水下移动目标出现的概率较小,整体水下移动目标出现的深度位置服从高斯分布,其分布概率如式(3-4)所示:

$$f(h) = \frac{1}{\sqrt{2\pi}\sigma} e^{\frac{(h-\mu)^2}{2\sigma^2}}$$ (3-4)

其中，μ 为热点区域的深度；σ 为深度的方差。

对于深度为 h 的水下移动目标其所处的层次 j 与其深度 h 的关系为

$$j = \left[\frac{h}{2r_s}\right] \tag{3-5}$$

热点区域深度附近水下移动目标出现的概率较大，使热点区域深度层次处的水下传感器节点部署密度较大，其他向上和向下的层次区域水下移动目标出现概率较小，部署水下传感器节点的密度依次减小。

步骤 2 将每个目标层次的水下传感器节点按照对应的固定概率进行一定的休眠。

水下传感器节点固定概率调度使每个水下传感器节点以预先设置的对应层次的概率 $p = f_{model}$ 进行休眠，其中，

$$f_{model} = \beta \tag{3-6}$$

这里 β 是一个在 $[0,1]$ 内的实常数。假设网络节点个数为 N，那么，最后的处于工作状态的水下传感器节点数为 $(1-\beta)N$。

网络内部采用轮换工作机制[11]，即将网络中每个水下传感器节点的工作过程分为周期长度为 T(节点的生命周期)的轮(round)，每个轮换周期包括调度阶段和工作阶段。在每轮开始时，水下传感器节点处于工作状态并进入调度阶段，在调度阶段内，水下传感器节点首先生成一个随机数，并与已设定的节点工作概率相比：若该随机数大于节点的工作概率，则该节点将在调度阶段结束后转为休眠状态，直到该周期的工作阶段结束；反之，节点则将在该周期内保持运行状态一直为工作状态。

步骤 3 经过时间 T(节点的生命周期)后，水下传感器节点以热点层次区域为中心，对热点区域层次进行补充。补充的过程按照距离热点层次的距离从近到远进行逐层补充，也就是说先将距离近的层次补充满之后再依次向远层次区域进行补充。

步骤 4 判断热点区域层次内的水下传感器节点数目是否达到最少节点数目，如果没有，判断热点区域层次内的水下传感器节点数目是否达到全覆盖，如果达到全覆盖，跳回步骤 2。

步骤 5 如果热点层次区域内的水下传感器节点数目不能达到全覆盖，且热点区域层次内的水下传感器节点数目小于要求的最少节点数目，则终止整个算法过程。

3.3.3 算法流程图

水下传感器网络的部署是一个比较复杂的过程，在水下传感器节点的具体部署中需要考虑很多因素，也是一个逐渐迭代、非常耗时的过程。在此过程中需要多次对限制条件进行判定，以确定算法是否继续执行。算法流程图也是最后进行算

法仿真的程序编写的一个重要的参考,可以为算法的梳理、程序的编写提供很好的依据。

根据算法步骤中的描述,结合具体算法设计流程的需要,详细的算法流程图如图 3-1 所示。

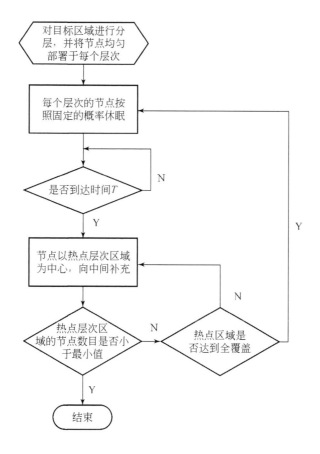

图 3-1 算法流程图

3.4 仿 真 分 析

基于实际参考模型,使用 MATLAB 软件对算法进行仿真。以长宽高分别为 1000m×1000m×1000m 的水下空间作为目标监视区域,热点深度区域为 400～600m,每个水下传感器节点的感知半径都相同且为 $r_s = 50m$,水下传感器节点在三维的水下空间中均匀部署。被测水下移动目标总数由 50 个逐步增加到 300 个(步长 50),每次部署完成后运行 20 次。通过算法仿真实验与现有的算法进行比较,重点在该算法下分析生成的水下传感器网络在满足覆盖率的前提下所需部署的水下传感器节点的数目以及水下传感器网络的生命周期,从而验证该部署算法的性能。

3.4.1 层次划分

在参考模型中,根据层间距 $2r_s=100$m 可知,被测目标区域被划分为 10 层,具体的层次划分如图 3-2 所示。

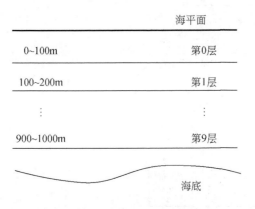

图 3-2 目标区域层次划分

3.4.2 水下目标分布

根据水下移动目标分布的先验概率模型,确定水下移动目标的分布。

在假设水下移动目标对于 $0\sim1000$m 的目标区域,出现在 $200\sim800$m 范围内的概率为 99% 时,$EX=500$,$\varepsilon=300$,由切比雪夫不等式

$$P\{|X-EX|<\varepsilon\} \geqslant 1-\frac{DX}{\varepsilon^2} \tag{3-7}$$

可以求出 $DX=900$,即 $\sigma=30$,将 $\sigma=30$ 和 $h=500$ 代入式(3-4)可得水下移动目标出现的概率分布为

$$f(h)=\frac{1}{30\sqrt{2\pi}}e^{\frac{(h-500)^2}{1800}}, \quad h\in[0,1000] \tag{3-8}$$

由式(3-7)可得,水下移动目标在符合先验概率模型的前提下的概率分布图如图 3-3 所示。

由图 3-3 可知,在本章提出的水下传感器网络模型中,热点区域层次附近的目标区域中水下移动目标分布比较集中,是目前的算法所要检测的重点区域,也是水下传感器节点能耗最大的区域。

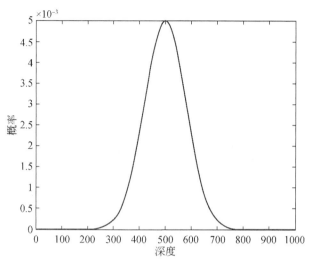

图 3-3　目标分布

3.4.3　工作状态的水下传感器节点概率

　　水下传感器网络中的水下传感器节点在不同的工作状态下其能耗相差非常大,在正常的工作状态下水下传感器节点的能耗是休眠状态下水下传感器节点能耗的数倍。在保证水下传感器网络检测性能不变的前提下,本书的部署算法在设计的过程中根据每层内水下移动目标出现的概率,对不同层次水下传感器节点的工作状态进行设置,确保需要的水下传感器节点处于正常工作状态,而使暂时不需要的水下传感器节点处于休眠状态。

　　根据算法设置,不同层次中处于工作状态下的水下传感器节点数目的分布概率如表 3-1 所示。

表 3-1　工作状态下节点的概率(β)

0层	1层	2层	3层	4层	5层	6层	7层	8层	9层
0.1	0.2	0.8	0.9	1	1	0.9	0.8	0.2	0.1

　　由表 3-1 可知,水下传感器节点的休眠概率与水下传感器节点的先验概率模型相对应,在热点区域层次中,处于工作状态下的水下传感器节点较多,而处在两端层次区域中的水下传感器节点处于休眠状态的逐渐增多,即处于工作状态下的水下传感器节点数目逐渐增多。

3.4.4　检测概率仿真分析

　　水下传感器网络在水下移动目标检测的应用中,水下移动目标被检测到的概率是判断水下传感器网络部署性能的重要标准。对于实际应用中的水下传感器网络,准确高效地检测到水下移动目标是其最重要的目的。所有的部署算法,不管是建立新的感知模型,使用不同的水下传感器节点,设计新的水下传感器节点数据融合和处理算法,还是结合不同的数据传输和通信方式,都是为了能够及时高效地在发现水下移动目标时有效地进行检测,并将实时的结果反馈给用户,供用户进行分析研究和使用。

在本章的水下传感器网络模型中,当没有水下移动目标时,水下传感器网络的检测概率为 100%,通过仿真,可以得到水下移动目标数目与检测概率的关系如图 3-4 所示。

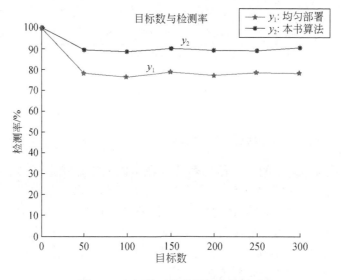

图 3-4　目标数目与检测概率的关系

由图 3-4 可以看出,随着水下移动目标数目的增加,两种部署算法的检测率变化都不是很明显,表明两种算法的工作稳定性比较好,同时,本书的水下传感器节点的部署算法检测效果明显优于均匀部署算法的结果。这是由于本书的水下传感器节点的部署算法对于水下移动目标出现概率较大的区域,即水下移动目标数目较多的区域进行传感器节点的重点部署,保证在水下目标出现概率更高的区域更容易被检测到,从而提高整个水下传感器网络的监测性能。

3.4.5　水下传感器节点数目分析

水下传感器网络部署算法的设计,最重要的目标就是在确保感知概率的前提下,部署尽可能少的水下传感器节点。设计不同的感知模型,通过提高每个水下传感器节点的感知概率来提高整个水下传感器网络的性能,减少所需部署水下传感器节点的数目。构建高效的水下传感器网络结构,优化水下传感器节点数据采集和处理的能力,提高整个水下传感器网络的检测性能,即提高每个水下传感器节点的感知效率,同样可以减少水下传感器节点的部署数目。

最简单实用的水下传感器节点部署策略之一就是水下传感器节点的均匀部署,均匀部署算法可以对水下目标区域进行快速的水下传感器节点的部署。图 3-5 给出了在达到同等检测率的条件下,不同的层次所需要的活跃水下传感器节点的数目分布。

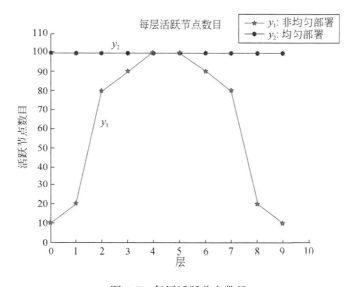

图 3-5　每层活跃节点数目

由图 3-5 可知,对于给定的目标区域,在达到同等检测率的条件下,与均匀部署算法相比,根据热点区域进行层次划分的部署算法所需要部署的总节点数目可以减少 40%,这主要就是由于部署策略根据水下移动目标分布的情况进行有针对性的部署,使水下传感器节点的感知效率更高,从而在保证感知概率不变的情况下大大减少了节点数目,从另一方面有效降低了水下传感器节点的部署数目,这对于制造成本较高的水下传感器节点而言是非常重要的,具有一定的实用价值。

3.4.6　生存时间仿真分析

水下传感器网络作为一种利用水声信道进行通信的网络模式,不仅需要考虑水下传感器节点数量级的能耗,由于其网络内部的复杂性,还需要考虑在整个网络运行阶段水下传感器节点所产生的多余的能量损耗,这里主要分为水下传感器节点层面的能耗和网络部署层面的能耗。对于整个水下传感器网络的能耗来说,不仅仅是水下传感器节点之间总能耗的简单叠加,还需要考虑由于复杂的海洋水下环境所造成的网络方面以及网络通信层面的传输能耗,如由于网络负载过高、信道质量差或者传输延迟带来的数据包碰撞,从而使数据包重发所导致的传输过程中的能量损耗。

仿真环境:每个水下传感器网络节点的初始能量相同,都为25J,数据包大小为100Bytes,而传输一个数据包所需要消耗的能量为0.05J,接收一个数据包所需要消耗的能量为0.01J。

通过对本章提出的基于先验概率模型的水下传感器网络部署算法的仿真,可以得到在两种不同的水下传感器节点的部署算法下水下传感器网络的生存时间与剩余节点数目的关系如图3-6所示。

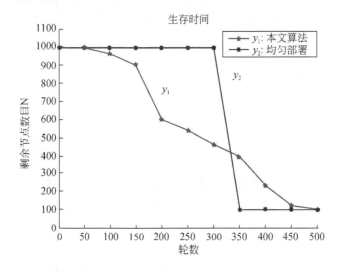

图3-6　网络的生存时间与剩余节点数目的关系

从图3-6可以看出,在同样的初始节点数目下,随着发送数据轮数的增多,本书部署中失效的节点数目增长趋于平稳的趋势,从而保证整个网络的能量平衡,网络的生存时间由原来的300轮延长到了450轮,这是本算法在运行过程中进行有层次地对节点进行休眠的结果,使水下传感器网络的生命周期与均匀部署情况下的水下传感器网络相比提高了50%。

3.5　本 章 小 结

水下传感器网络部署问题是一个重要的研究问题,本章在分析了当前水下传感器网络部署方面的研究工作的基础上,进行了深入的研究和分析,提出了结合实际应用的基于先验概率模型的水下传感器网络部署算法。

基于先验概率模型的水下传感器网络部署算法在保证同等检测概率的条件

下,通过不同层次之间水下传感器节点的补充及层次内部节点的休眠策略,降低了水下传感器网络的整体能耗,延长了网络的生命周期,减少了节点部署数目。

参 考 文 献

[1] Meratnia N,Havinga P J M,Casari P,et al. CLAM — Collaborative embedded networks for submarine surveillance: An overview. Oceans,IEEE,2011:1-4.

[2] Cayirci E,Tezcan H,Dogan Y,et al. Wireless sensor networks for underwater survelliance systems. Ad Hoc Networks,2006,4(4):431-446.

[3] Baumgartner K,Ferrari S,Wettergren T A. Robust deployment of dynamic sensor networks for cooperative track detection. Sensors Journal IEEE,2009,9(9):1029-1048.

[4] Akkaya K, Newell A. Self-deployment of sensors for maximized coverage in underwater acoustic sensor networks. Computer Communications,2009,32(7-10):1233-1244.

[5] Incze M L. Optimized deployment of autonomous underwater vehicles for characterization of coastal waters. Journal of Marine Systems,2009,78(78):S415-S424.

[6] Golen E F, Mishra S, Shenoy N. An underwater sensor allocation scheme for a range dependent environment. Computer Networks the International Journal of Computer & Telecommunications Networking,2010,54(3):404-415.

[7] Detweiler C, Doniec M, Vasilescu I, et al. Autonomous depth adjustment for underwater sensor networks: design and applications. IEEE/ASME transactions on mechatronics,2011:1-9.

[8] 王晓锋,马骋,钱正芳,等. 大潜深潜艇设计中计算深度的探索与建议. 舰船科学技术,2004,26(3):13-15.

[9] 刘惠,柴志杰,杜军朝,等. 基于组合虚拟力的传感器网络三维空间重部署算法研究. 自动化学报,2011,37(6):713-723.

[10] 罗强,潘仲明. 一种小规模水下无线传感器网络的部署算法. 传感技术学报,2011,24(7):1043-1047.

[11] 刘爱平,刘忠,罗亚松. 一种水下无线传感器网络的连通性覆盖算法. 传感技术学报,2009,22(1):116-120.

第 4 章　水下传感器网络表面区域高效部署

4.1　引　　言

　　水下传感器网络为远程监测水下环境提供了一种新的方法,这种监测方法在过去几年引起了学校以及工厂的重视。近几年在海洋生物数据收集、海洋水质采样、环境污染监测、海底矿物质勘察、海底地质灾害预测、远海区域海洋求助、分布式海上战略监测、深海区域生物勘察和军事监测等方面有越来越多的应用。但是,由于水下环境空间和地质洋流的复杂多变性,在研究过程中有很多问题需要考虑和解决[1]。

　　在给定的目标区域部署水下传感器节点用来完成监测任务的水下传感器网络是由大量带有各种传感器的具有实时感知数据、处理数据信息和通信功能的传感器节点所构成。这是一种新颖的并且最近受到广泛关注的水下环境监测技术。由于海洋多变的环境因素和不确定的工作方式,传统的海洋环境监测技术方法有很多的缺陷。

　　水下传感器网络实质上是陆地上的无线传感器网络的一种延伸,应用于海洋环境时,需要重点考虑由于三维环境所引起的结构变化,以及水下传感器网络在水下传感器节点相互之间通信的问题,这些都引起了越来越多人的关注。由于水下传感器网络可以用来在敌人区域进行监测、海洋探测、地雷监测任务和移动水下传感器节点的远程操作,所以,水下传感器网络的应用可以有效地提高海军的作战能力。

　　然而,由于水下传感器节点需要部署在复杂的水下环境中,一些诸如部署、连通性、覆盖率和机动性的新问题都将随之产生[2]。对于水下传感器网络,将水下传感器节点准确地部署在目标区域是首要任务,其他诸如怎样保证在高连通性、怎样提高覆盖率等问题,都是在准确部署水下传感器节点的基础上进行的,这样才能有效地平衡高覆盖率与高连通性之间的关系。为了解决这些问题,前人已经做了大量的研究工作。

　　由于二维无线传感器网络和三维水下传感器网络的不同,造成在节点部署、节点之间的组网和通信、覆盖率的建立、网络性能的评估等各方面的差异,大量关于三维水下传感器网络在节点自组织网络、通信方式的选取、覆盖率的计算、连通性的评估等方面的工作需要深入的研究和分析。在文献[3]中,为了定义三维区域 K

覆盖模型,提出了一种截正多边体的概率感知模型,用于连通性和 K 覆盖问题研究,但是对于 K 覆盖模型的条件比较苛刻,在对这里的一些条件放松之后,使之在现实中更有用。例如,为了减少节点数目,1 覆盖用来替代 K 覆盖而被更加广泛的使用。

文献[4]通过对水下环境中复杂的水流问题等因素的深入研究,提出了一种补偿水流方向的水下传感器网络模型,这种水下传感器网络模型可以通过不同的水下传感器节点的部署来影响网络的覆盖和连通性能。这种算法模型是一个基于物理特性的动态水下传感器网络模型,通过对水下传感器节点的多重部署可以有效地延长网络寿命。

Kemal 等[5]在对水下传感器网络进行了大量的研究工作的基础上,分析了目前水下传感器节点部署结构和算法,提出了一种用于水下传感器网络的分布式节点部署方法。这种分布式部署算法可以提高水下传感器网络的覆盖率和水下传感器节点与水面基站的通信性能。其中的水下传感器网络包括各种各样的水下传感器节点,如锚定在海底可以调节高度的水下传感器节点、带有浮标可以漂浮在表面的浮标水下传感器节点等。为了获得较好的网络监测性能,需要同时部署大量不同类型的水下传感器节点。

文献[6]提出了一种利用可调节深度的水下传感器节点构建的水下传感器网络系统,这种思想与本章要提出的算法比较接近。这种水下传感器网络系统有很好的目标监测性能,但是在用于长时间工作的状态下或者在更深水域使用时有很多问题还亟待解决。与 Incze 在文献[7]中所提出的水下传感器网络部署算法相近,这样的水下传感器网络系统目前只能应用于近海浅水区域。水下传感器节点首先通过飞机轮船等在水面进行随机抛撒部署并锚定在海底,然后再调节与水下传感器节点相连的锚链长度,从而使每个水下传感器节点处于不同的深度,达到构建三维网络的目的,这一过程是一个很耗时的过程。因此,本章提出了一种通过分析水下传感器节点部署表面区域的方法来提高水下传感器网络部署性能的算法。

本算法对水下传感器网络表面部署区域问题进行了详细的分析。首先分析下沉过程中的水下传感器节点的轨迹,从而可以清楚地知道水下传感器节点的部署过程,进而通过一定的算法改变水下传感器节点的下沉轨迹。在部署过程中,通过调节用锚链与锚相连的浮标的体积来得到给定的下沉轨迹。仿真结果表明,通过本章提出的水下无线传感器网络表面区域的方法来进行水下传感器网络节点的部署,可以使对于给定目标区域需要部署的水下传感器节点的时间缩短和节点数目减少。

4.2　水下传感器网络结构

本节主要描述一种三维水下传感器网络结构。这种水下传感器网络结构在部署的构成中用到了一种新的水下传感器节点,这种水下传感器节点的结构决定了水下传感器网络部署效率的高低,本节详细介绍这种可以提高水下传感器网络性能的水下传感器节点。

4.2.1　水下传感器网络结构

近年来由于水下传感器网络研究的升温,有各种各样的水下传感器网络结构被设计和提出。随着水下传感器网络种类的增多,逐渐产生了详细的划分来适应于不同目标区域的监测。最常用的一种是根据水下传感器节点自身的特性进行分类,这种分类可以很好地利用不同种类水下传感器节点的优势,合理地构建水下传感器网络结构,利用最少传感器节点获得最大感知效率和最长生命周期。

另外一种比较常见的水下传感器网络部署结构的划分就是根据目标区域进行划分。对于数千公里的海岸线来说,海底的环境是复杂多变的,主要体现在海底的深度和海底洋流的不同。在部署水下传感器网络对不同区域的海域进行监测时,首先要确定该区域的海水深度以确定水下传感器节点的部署算法。对于近海区域,海水深度较浅,在这种区域内可以利用比较简单的随机抛撒或者均匀部署等水下传感器网络部署算法,并且在这样的部署算法下即可满足水下传感器网络对目标区域的监测要求。对于远海的深水区域,在水下传感器节点的部署策略和算法上需要考虑的一个重要因素就是水下的通信问题。由于远海区域水下传感器节点的部署数量较大、密度较小、节点的移动性较强,就要求有水面的基站用来对水下传感器节点采集到的实时数据进行转发,因此就要求所采用的水下传感器网络部署算法要能够使数据在转发过程中对于整个网络来说能耗最小、通信时间最短。

结合实际的应用以及对水下传感器网络结构的分析,本章算法采用的水下传感器网络结构如图 4-1 所示。水下传感器节点之间通过水声信道进行位置信息以及搜集数据的传输,中继基站可以通过无线电的方式与卫星等其他用户进行通信。这种水下传感器网络结构主要用于大规模目标区域的监测,特别是对指定目标区域内的固定目标进行监测和数据的采集有很好的效果。

4.2.2　水下传感器节点

由图 4-1 可知,本节中的水下传感器节点主要由两种组成:一种是漂浮在海面起到中继作用的浮标节点,一种是装置有浮标和水声发送器能够锚定在海底的节点。锚定在海底的水下传感器节点所携带的浮标可以通过泵的充气使节点浮向水面,水下传感器节点的深度可以通过改变锚链的长度来调节,且每一个节点都可以通过水声信道和水面的基站进行通信。

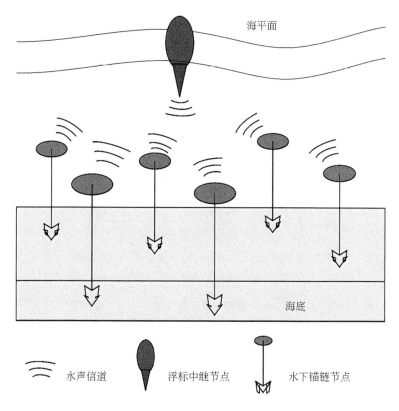

图 4-1　三维水下传感器网络结构

4.2.3　水下传感器节点通信方式

　　蓝绿光等光学通信、无线电通信、水声信道通信等通信方式是目前水下传感器网络的主要通信方式,结合本节中水下传感器网络的特点,水下传感器节点之间的通信方式采用水声信道通信。

4.3　节点动态分析

　　本节主要介绍将要部署的水下传感器节点的下沉过程。通过改变水下传感器节点在下沉过程中所受的力使之沿直线距离下沉,以缩短其下沉过程的距离。首先,对下沉的水下传感器节点进行受力分析,考虑节点在水平方向只受到一种力的作用。动态分析如图 4-2 所示。

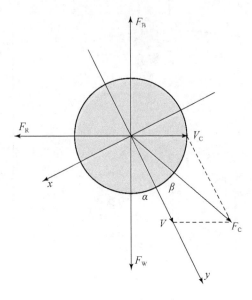

图 4-2　动态分析

水下传感器节点所受的重力为

$$F_W = mg \tag{4-1}$$

在下沉过程中所受的重力主要取决于水下传感器节点自身的重量 $m(\mathrm{kg})$ 和重力加速度 $g = 9.80\mathrm{m/s^2}$。

水下传感器节点所受的浮力为

$$F_B = -\rho_w V g \tag{4-2}$$

水下传感器节点所受的浮力等于排开水的重量，$\rho_w = 1050\mathrm{kg/m^3}$ 为水的平均密度，$V(\mathrm{m^3})$ 为节点体积。

水下传感器节点在下沉过程中会受到水下洋流所产生的流体阻力，阻力的大小为

$$F_R = -K\rho_w \mu A_R v \tag{4-3}$$

由式(4-3)可知，水下传感器节点在下沉过程中会受到的流体阻力与常数 $K = 0.2\mathrm{Nm^2 \cdot s/kg}$、由物体形状决定的阻力系数 μ、节点的速度 $v(\mathrm{m/s})$ 横截面积 A_R $(\mathrm{m^2})$ 成正比，力的方向与水流的方向相反。

水下传感器节点在下沉过程中会受到水流作用所产生的阻力，方向与下沉的方向相反，大小为

$$F_C = C\sigma A_C(v_c - v) = C\sigma A_C v \frac{\cos\alpha}{\cos(\alpha + \beta)} \tag{4-4}$$

水下传感器节点在下沉过程中会受到水流作用所产生的阻力与常数 $C = 721.7\mathrm{Ns/m^3}$、相对速度 $v_c(\mathrm{m/s})$、节点速度 $v(\mathrm{m/s})$、水流方向的横截面积 A_C

(m^2)、物体形状决定的形状因子 σ（球体 $\sigma=1$）成正比，而与下沉过程中夹角之和的余弦值成反比。对于圆球形水下传感器节点由于 A_R 和 A_C 相等，随着水下传感器节点体积 V 的变化，F_B，F_R，F_C 也将改变。

当水下传感器节点下沉过程中的加速度与节点下沉的速度 v 的方向相同时，水下传感器节点的到达目标区域所需的时间最短。对应的示意图如图 4-2 所示。

在 y 轴上的所受的合力为

$$\begin{cases} (F_w - F_B)\sin\alpha + F_R\cos\alpha = F_C\sin\alpha \\ (F_w - F_B)\cos\alpha - F_R\sin\alpha + F_C\cos\beta = ma \end{cases} \tag{4-5}$$

将 F_w，F_B，F_R，F_C 和横截面积 $A_R = A_C = \pi R^2$ 代入式(4-5)，可以得到下面的方程：

$$\begin{cases} (mg - \rho_w \dfrac{4\pi R^3 g}{3})\sin\alpha + K\rho_w\mu\pi R^2 v\cos\alpha = C\sigma\pi R^2 v \dfrac{\cos\alpha\sin\alpha}{\cos(\alpha+\beta)} \\ (mg - \rho_w \dfrac{4\pi R^3 g}{3})\cos\alpha - K\rho_w\mu\pi R^2 v\sin\alpha + C\sigma\pi R^2 v \dfrac{\cos\alpha\cos\beta}{\cos(\alpha+\beta)} = ma \end{cases} \tag{4-6}$$

其中，速度的大小为

$$v = v(t_0) + at \tag{4-7}$$

结合式(4-6)和式(4-7)进行求解，可以得到在下沉过程中水下传感器节点的半径 R 和加速度 a，从而可以对水下传感器节点进行跟踪调整。

4.4 表面部署区域分析

在本节中我们将讨论所提出算法的仿真结果。对于一个给定的海底部署区域，需要计算水面的部署面积，这里将与文献[8]中所提出的算法进行对比。节点的下沉轨迹会由于水流的变化而改变，因此，为了在给定的目标区域部署足够的节点，就需要考虑这个因素。

4.4.1 给定区域部署

给定一个大小为 $500\text{m} \times 500\text{m} \times 500\text{m}$ 目标监测区域，该区域的水流方向为已知的。根据在本章提出的算法和文献[8]中的算法对水下传感器节点进行部署，水面部署区域如图 4-3 所示。

由图 4-3 可知，对于给定的水下目标区域，本章所提出的水下传感器网络节点的部署算法只需要较小的表面部署区域即可完成要求的部署，也就是说本章所提出的算法在水下传感器节点部署方面的性能优于文献[8]中提出的水下传感器节点部署算法。

这主要是因为在本章提出的水下传感器节点部署算法的执行下，可以确保通过飞机或者轮船等抛撒到海面的水下传感器节点能够尽可能地沿着直线运动的轨

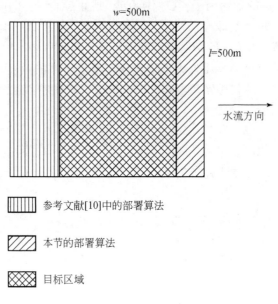

图 4-3　部署区域对比

迹到达预计目标区域所需要的部署位置,从而使水下传感器节点在部署过程中的提前部署距离更短,缩短部署时所需要的部署时间,也就是说能够在更小的区域用较少的水下传感器节点达到部署要求。

4.4.2　目标区域深度与部署的关系

在水流方向一定的情况下,水下传感器网络在部署过程中的表面区域的大小取决于水面区域的边长,不同的部署算法,所需要部署的水面区域的边长大小就不同,由于水流的方向是已知的,所以与水流方向垂直的边长不会受到影响,从而对表面部署区域的大小也不会产生影响。所以,这里重点讨论在水流方向已知的情况下,水下传感器网络表面部署区域的边长 w 与目标区域深度之间的关系。具体如图 4-4 所示。

由图 4-4 可知,当水下传感器网络所要部署的目标区域的深度增加时,表面区域与水流方向平行的边长 w_1 不改变而 w_2 将随之改变。也就是说,在本章所提出的水下传感器网络部署算法下,表面部署区域的大小并不受水下传感器网络所要部署的目标区域的深度的影响,而文献[8]中的部署算法却随着深度的增加,所需部署的表面区域的边长也在增加。这是由于水下目标区域深度增加时,水下传感器节点在水下的下沉时间也随之增加,在水流的作用下使得水下传感器节点的水平移动距离增加,就需要增加表面部署区域的边长即增大表面部署区域的面积来保证对目标区域传感器节点的部署。

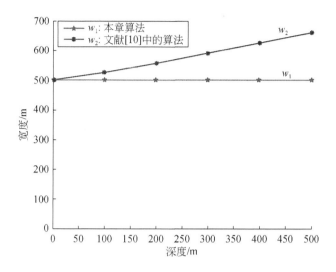

图 4-4　深度和边长之间的关系

4.5　本 章 小 结

　　本章首先分析了水下传感器节点的下沉轨迹,然后对于如何选择表面区域部署进行了研究和分析。在此基础上,本章重点提出一种可以使得水下传感器网络表面区域部署更加高效的水下传感器节点,建立了一种新的表面区域部署方法并对其效果进行对比。仿真结果表明本章提出的水下传感器网络表面区域部署算法更容易实现且更高效。

　　具有自动调节功能的水下传感器节点有很多优势,在未来仍有很多的相关问题需要进一步进行研究分析,特别是在设计新型水下传感器节点使之更加高效地控制浮力方面。

参 考 文 献

[1] King P,Venkatesan R,Li C. An improved communications model for underwater sensor networks. IEEE GLOBECOM 2008－2008 IEEE Global Telecommunications Conference,IEEE, 2008:1-6.

[2] Akyildiz I F, Pompili D, Melodia T. Underwater acoustic sensor networks: research challenges. Ad Hoc Networks,2005,3(3):257-279.

[3] Ammari H M,Das S K. A study of k-coverage and measures of connectivity in 3d wireless sensor networks. IEEE Transactions on Computers,2010,59(2):243-257.

[4] Caruso A,Paparella F,Vieira L F M,et al. The meandering current mobility model and its impact on underwater mobile sensor networks. IEEE INFOCOM 2008 proceedings:

771-779.

[5] Akkaya K, Newell A. Self-deployment of sensors for maximized coverage in underwater acoustic sensor networks. Computer Communications,2009,32:1233-1244.

[6] Detweiler C, Doniec M, Vasilescu I, et al. Autonomous depth adjustment for underwater sensor networks: design and applications. IEEE/ASME transactions on mechatronics,2011: 1-9.

[7] Incze M L. Optimized deployment of autonomous underwater vehicles for characterization of coastal waters. Journal of Marine Systems,2009,78(78):S415-S424.

[8] Zhang Y, Li X, Fang S. A research on the deployment of sensors in Underwater Acoustic Wireless Sensor Networks. International Conference on Information Science and Engineering. IEEE,2010:4312-4315.

第5章 光学声学通信混合水下传感器网络的分布式部署

5.1 引　　言

水下通信方式的选取是建立有效的水下传感器网络结构时的一个重要挑战,对水下传感器网络的结构以及效率起到决定性的作用。目前的水下传感器网络中水声信道通信中已经被广泛地应用,特别是对于远距离的水下无线通信。但在近距离的水下无线通信中,由于水声信道通信在水下传输过程中能耗较高,传播的时间比较长、通信的带宽比较窄,水声通信并没有明显的优势。然而,随着高亮度蓝绿 LED 光源和激光二极管的发展,高速光学链路在近距离水下通信中成为可能,这就使得高带宽的水下光学通信在近距离通信方面替代水声通信成为可能。

水下光学通信可获得较高的数据传输效率,传输过程中延时较小,可以方便地应用在水下自动机器人和节点之间通信方面,是一种很有吸引力的通信方式。文献[1]提出了一种软件定义传输过程中调制和解调列表的方式,使水下光学通信的完全实施变得更为方便,在软件定义的基础上对不同的通信方式的定义进行了仿真和比较。对单信道 LED 链路进行对比可以看出,在通信过程中的所有信号偏置电压都是相同的,区别在于不同 LED 光源的波长不同。对单信道的激光通信在不同的波长情况下的通信进行对比,得出波长与信号衰减的关系。同样,从多路径的 LED 和激光通信方面对信号的传输进行仿真,比较波长对于信号传输的影响。

水下光通信提供了潜在的用于水下传感器网络通信的方法,通过使用 AUV 和水下传感器节点采集和传输大数据与利用声通信相比效率更高。在高数据速率、低延迟时可行地建立它们之间的网络连接系统检索或下载大型数据有很多挑战依然存在,如如何获得及时的连接及保持指向和跟踪,文献中已经证明了两种类型的链路使用 LED 或激光器的可行性,使网络连通性在现成的硬件基础上能够完成。

文献[2]做了对基于光学通信的水下传感器网络方面的探索,并对基于 LED 的水下光学通信的发展进行了说明。光学通信在水下通信中的低能耗、低工作电压、长生命周期和在水下机器人和固定节点之间易于建立的高速率通信(最高 320kb/s)的特点,决定了光学通信可以是一种高效的水下通信方式。提出了一种通过考虑水

中最小吸收波长窗口的二极管产生可见光的方式代替传统的水声通信的方式构建
水下传感器网络。这种水下传感器网络在近距离的水下通信中有水声信道通信所
不能替代的效果。

文献[3]从网络部署的结构方面对水下光学通信传感器网络的设计进行了深
入的研究和分析,提出了一种将水下光学传感器节点部署在网状结构中,设计算法
来选择相邻的水下传感器节点之间的链路,通过这些链路的搭建形成鲁棒性较好
的拓扑网络结构。这种网络结构是以最短路径树为基础,通过在最短路径树上增
加额外链路的设计方法,对现有的通信链路进行重新设计来部署拓扑结构达到提
高网络鲁棒性的目的。

文献[4]提出了一种针对带有光学通信水下传感器节点 AUV 进行仿真的水
下无线光学通信模型,用于水下光学通信系统的设计。作为一个初步的研究结果,
文献中主要集中于色散、水下的传输延迟和通信信道的特点三方面,给出了从多个
角度进行通信时水的浑浊度和发射功率之间的关系。结果表明海水的浑浊度对水
下光学通信起到很大的决定作用。

文献[5]讨论了一种基于自由空间短距离光学通信的水下蠕动机器人通信机
制。为了优化这种通信机制的输出,采用了一种多信道的通信设计,在内部处理器
计算速率能够达到要求的基础上,这样的设计可以使蠕动机器人同时给对应的多
个节点进行广播数据,是一种多信道的机制,一个机器人可以同时给多个节点发送
数据。在水下环境满足一定条件的前提下,这种通信方式和通信系统可以达到高
速通信的要求。

文献[6]利用蓝绿光谱激光发射二极管在一个充满水的水槽中进行了一个点
对点的光学通信测试,确定了水下光学通信系统的基础参数。进一步通过对水下
通信时光束角度、水的浑浊度等级,以及通信距离的改变,来测试对通信效果的影
响,在得到对应结果之后,根据不同参数的设计,在给定水下通知速率等要求的基
础上实现多向光学通信系统的构建。这种水下光学通信系统可以确保在不同的视
角下都能够达到数据的有效传播。

本章提出一种光学通信与水声信道通信混合的水下传感器网络部署结构,以
发挥两种不同通信方式在不同环境下的优点,提高网络整体的覆盖和通信效率。

5.2   混合水下传感器网络部署结构

本节先分析目前水下传感器网络的通信方式,找出在水下通信过程中不同的
通信方式的对于环境等因素的依赖性,以及不同通信方式所适合的应用范围[7,8],
在此基础上,结合水下传感器网络的自身特点,构建混合水下传感器网络部署
结构。

水声通信是目前水下传感器网络中使用较多的通信方式,这种通信方式通信距离较远,适合目标区域较大的水下远距离通信。光学通信由于其通信距离短,在水中容易产生色散而被吸收等特点[9],目前在水下传感器网络中应用较少,只有部分用蓝绿光做光源的水下传感器节点在使用。在表 5-1[10] 中对水声学通信和光学通信在传输速率等不同方面的进行了对比。

表 5-1　不同通信方式的对比

	水声通信	光学通信
传输速率/(m/s)	约 1500	2.25×10^8
能耗	>0.1dB/(m/Hz)	∝ 浑浊度
带宽	千赫级	约 $10 \sim 150$MHz
频率范围	千赫级	约 $10^{14} \sim 10^{15}$ Hz
有效距离	千米级	约 $10 \sim 100$m

由表 5-1 可知,水声通信速度慢、能耗高、低带宽但是有效通信距离长,适合远距离低速通信;光学通信速度快、能耗低、带宽高但是通信距离短,适合短距离高速通信。

水下光学通信在通信过程中由于不同的波长和不同的光源类型所消耗的能量不同,目前主要的光源类型有 LED 光源和激光光源两种,波长主要采用蓝绿光所在的波长范围,发射功率与波长的关系如表 5-2[1]所示。

表 5-2　发射功率

波长/nm	光源类型	功率/mW
516	LED	13.2
474	LED	38.4
448	LED	39
410	Laser	27/31*

* 两种不同的激光束

由表 5-2 可以看出,在波长为 516nm 的 LED 光源的类型下,所需要的发射功率是最小的,这是水下传感器节点光源和波长选取的重要依据。

与水声通信相比,水下光学通信有高带宽的特点,而带宽的高低也与光源的波长有直接的关系,同样,不同的波长传输距离和带宽高低也是不相同的,如表 5-3[2]所示。

表 5-3　不同波长光束的带宽

波长	有效距离/m	带宽/kHz
长	1000	<1
较长	10~100	2~5
中等	1~10	~10
较短	0.1~1	20
短	<0.1	>100

由表 5-3 可知,随着波长的增大,水下光学通信的有效距离在增大,带宽在减小,但整体来说光学通信的带宽比较高。

水声通信速度慢、能耗高、低带宽但是有效通信距离长,适合远距离低速通信;光学通信速度快、能耗低、带宽高但是通信距离短,适合短距离高速通信。水下光学通信在通信过程中由于不同的波长和不同的光源类型所消耗的能量不同,目前主要的光源类型有 LED 光源和激光光源两种,波长主要采用蓝绿光所在的波长范围,在波长为 516nm 的 LED 光源的类型下,所需要的发射功率是最小的,这是水下传感器节点光源和波长选取的重要依据[11,12]。与水声通信相比,水下光学通信有高带宽的特点,而带宽的高低也与光源的波长有直接的关系,同样,不同的波长传输距离和带宽高低也是不相同的,随着波长的增加,水下光学通信的有效距离和带宽都随之减小,但整体来说光学通信的带宽比较高。

根据水下光学通信与水声通信的特点,设计的混合水下传感器网络结构模型如图 5-1 所示。

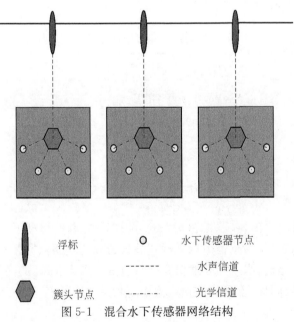

图 5-1　混合水下传感器网络结构

　　从图 5-1 水下传感器网络结构可以看出,对于给定的目标区域进行划分,分为三个分布式的目标区域,每个区域有一个可以与浮标节点通过水声信道通信的簇头节点,每个簇头节点可以与所在区域的水下传感器节点通过光学通信进行高速通信。当水下传感器节点采集到数据之后,对数据进行初步的处理后通过光学信道发送到簇头节点,簇头节点收到数据后对数据进行判断和处理,然后通过水声信道转发给水面的浮标节点。这种水下传感器网络结构同时利用了水下光学通信和水声信道通信,在结构的部署中充分发挥了两种通信方式的优势,达到高效部署水下传感器网络的目的。

5.3　混合水下传感器网络节点部署算法

　　步骤 1　将目标区域按照 $2R_s$ 进行分层,将簇头节点和水下光学传感器节点在每个层次内分别进行均匀部署。

　　步骤 2　每个层次内的簇头节点和水下光学传感器节点通过地址信息的交换建立感知群,感知群按照固定的概率休眠。

　　步骤 3　经过时间 T(簇头节点和水下光学传感器节点的生命周期),感知群以热点层次区域为中心,向中间补充。补充的过程按照距离热点层次的距离从近到远进行逐层依次补充,也就是说先将距离近的补充满之后再依次向远的补充。

　　步骤 4　热点区域感知群数目能够达到全覆盖时跳回步骤 2。

　　步骤 5　当热点层次区域内的感知群数目小于要求的最少感知群数目时,算法停止。

　　算法流程图如图 5-2 所示。

5.4　仿　真　分　析

5.4.1　节点数目分析

　　与均匀部署相比,对于同样的目标数,在达到同等检测率的条件下,针对是否利用先验概率模型所需要部署的节点数目进行对比分析。这里将感知群作为节点来处理率,目标区域分为 9 层,其中热点区域为第 5 层,向两侧递减。结果如图 5-3 所示。

　　由图 5-3 可知,随着目标数目的增多,对于均匀部署来说,所需要的节点数目没有变化,这是因为均匀部署对于给定区域的监测所需要的节点数目主要与所给的区域有关,基于先验概率模型的部署算法,在目标数目较少的时候只需要部署较少的节点,随着目标数目的逐渐增多,所需要的节点数目也逐渐增多并趋于稳定,最后接近于均匀部署所需要的节点数目。

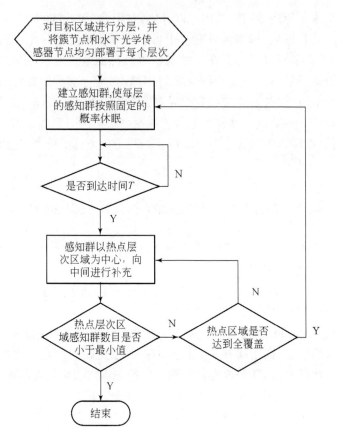

图 5-2　算法流程图

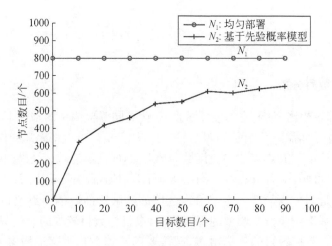

图 5-3　部署节点数目分析

5.4.2　检测概率分析

针对完全由水声节点组成的水声传感器网络的均匀部署和本书提出的网络结构的基于先验概率模型部署,对两种不同的部署下的目标检测概率进行对比,这里假设没有目标时检测概率为 100%,如图 5-4 所示。

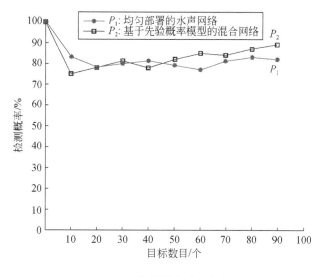

图 5-4　检测概率对比分析

由图 5-4 可知,随着目标数目的增多,对于均匀部署的水声传感器网络来说,目标的检测概率维持在较稳定的范围,这是因为均匀部署的所有节点都一直处于正常工作状态,对于不同的目标数目,检测概率不会产生太大的波动;对于基于先验概率模型的混合水下传感器网络,在目标数目较少的时候所唤醒的节点数目较少,目标的随机性会造成检测概率的偏低,但随着目标数目的增多,唤醒的节点数目也逐渐增多,对于随机性的弥补就更加充分,网络的覆盖率逐渐提高,并在达到一定的目标数目时优于均匀部署的水声传感器网络。

5.4.3　延时时间分析

首先对水下传感器网络的性能从数据传输过程中的延迟时间进行了仿真分析。水下传感器节点之间的数据通信时间不仅包括水下传输过程中的时间,还包括对采集到的数据进行处理和调制的发送时间。水声信道在水下的通信速度为 $1.5 \times 10^3 \, \text{m/s}$,光学通信在水下的速度为 $2.25 \times 10^8 \, \text{m/s}$。水声信道通信的数据调制速率为 $1.5 \times 10^4 \, \text{bit/s}$,而光学通信的调制传输速率为 $1.0 \times 10^6 \, \text{bit/s}$。对于水下传感器网络来说,总的延迟时间是衡量网络性能的重要指标,如图 5-5 所示。

由图 5-5 可知,在总的传输延时时间方面,水下光学通信的延迟时间要明显优

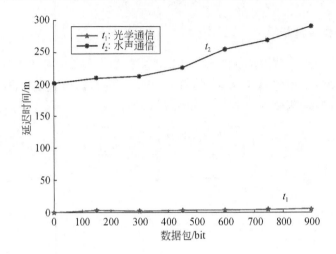

图 5-5　延时时间与数据包的关系

于水声通信,所以,在水下近距离通信方面,水下光学通信可以很好地替代水声通信,从而与能够进行水下远距离通信的水声信道通信进行结合,构建更加高效的水下混合传感器网络部署结构。

5.4.4　网络生存时间分析

　　假设每个传感器网络节点的初始能量相同,都为 25J,数据包大小为 100Bytes,而水声传感器节点传输一个数据包所需要消耗的能量为 0.05J,接收一个数据包所需要消耗的能量为 0.01J。对于光学传感器节点,选择波长为 480nm 的蓝色 LED 作为发射器,发射功率为 40mW 用于产生蓝色脉冲,用光电二极管作

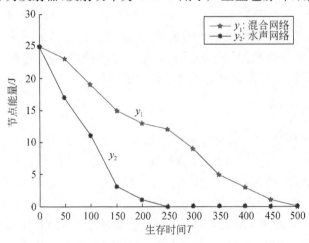

图 5-6　网络生存时间对比

为接收器，用来检测接收到的光学信号。

　　在图 5-6 中给出了本书提出的混合水下传感器网络模型与完全由水声通信的水下传感器节点构建的网络模型在网络生存时间的对比。由于在近距离通信过程中采用水下光学通信，而水下光学通信的能耗相对水声通信来说比较低，所以整个网络的生存时间较长，延长了网络寿命。

5.5　本 章 小 结

　　本章提出了一种新型的混合水下传感器网络结构，这种结构综合利用了水声信道通信和水下光学通信在不同通信距离方面的优势，在远距离通信时用水声信道通信，在近距离高速通信时用水下光学通信，从而提高了网络的整体性能，特别是在分布式覆盖方面有很好的效果。仿真结果表明，水声和光学混合水下传感器网络在分布式覆盖中可以明显地缩短传输和延迟时间，使用户更加及时地获取数据。

参 考 文 献

[1] Cox W C, Simpson J A, Muth J F. Underwater optical communication using software defined radio over LED and laser based links. Military Communications Conference, 2011- Milcom. IEEE, 2011:2057-2062.

[2] Anguita D, Brizzolara D, Parodi G. Optical communication for Underwater Wireless Sensor Networks: a VHDL-implementation of a Physical Layer 802.15.4 compatible. Oceans. IEEE, 2009:1-2.

[3] Reza A, Harms J. Robust grid-based deployment schemes for underwater optical sensor networks. 2009 IEEE 34th Conference on Local Computer Networks (LCN 2009) Zürich, Switzerland, 2009:20-23.

[4] Anguita D, Brizzolara D, Parodi G, et al. Optical wireless underwater communication for AUV: Preliminary simulation and experimental results. Oceans, IEEE, 2011:1-5.

[5] Yu F F, Dai M, Ercan M F. Underwater short range free space optical communication for a robotic swarm. International Conference on Autonomous Robots and Agents, Icara 2009, Wellington, New Zealand, February. DBLP, 2009:529-532.

[6] Baiden G, Bissiri Y, Masoti A. Paving the way for a future underwater omni-directional wireless optical communication systems. Ocean Engineering, 2009, 36(9-10):633-640.

[7] Kim C, Lee S, Kim K. 3D Underwater Localization with Hybrid Ranging Method for Near-Sea Marine Monitoring. Ifip, International Conference on Embedded and Ubiquitous Computing. IEEE, 2011:438-441.

[8] Coutinho R W L, Vieira L F M, Loureiro A A F. Movement assisted-topology control and geographic routing protocol for underwater sensor networks. ACM International Conference on

Modeling, Analysis & Simulation of Wireless and Mobile Systems. ACM, 2013: 189-196.

[9] An W, Lin J, Luo H, et al. Significance – based energy – efficient path selection for multi – source underwater sensor networks. International Journal of Sensor Networks, 2013, 13(1): 30-43.

[10] Zhang Y, Jin Z, Luo Y, et al. Node secure localization algorithm in underwater sensor network based on trust mechanism. Journal of Computer Applications, 2013, 5: 004.

[11] Caiti A, Calabro V, Munafo A, et al. Mobile underwater sensor networks for protection and security: field experience at the UAN11 experiment. Journal of Field Robotics, 2013, 30 (2): 237-253.

[12] Zhang C Y, Han G J, Zhu C, et al. The insights of node deployment for localization accuracy in underwater acoustic sensor networks. Advanced Materials Research, 2013, 605: 1050-1053.

第6章 基于信度势场算法的水下传感器网络部署算法

6.1 引   言

　　水下传感器节点负责数据采集和网络通信,是水下传感器网络的硬件支撑。水下节点可以在海底用锚链进行固定部署,也可以用浮标在海面进行部署,还可以将水下节点搭载在 AUV 上构成移动节点[1]。移动节点可以自由移动以扩大监测范围,节点上的传感器采用声呐。目前实用的声呐按照工作形式可以分为三类,包括被动全向声呐、被动定向和主动全向声呐,其中使用最广泛的是被动全向声呐。

　　文献[2]提出,将传感器节点随机部署于水底并由中央节点计算后通知各个节点移动到特定的深度以实现水下环境 1-覆盖,该方法中中央节点的计算量大,对网络的使用寿命会有较大的影响。文献[3]围绕利用最少节点实现 3D 环境的最大覆盖这一问题展开研究,但是所使用的节点感知模型较为简单。文献[4]通过增加深度调节方式以此实现水下环境的覆盖控制,使得节点可以根据应用需求调节其在水下的深度,该部署方式易受到洋流等水下环境的影响导致达不到预期效果。文献[5]同样以深度调节机制为切入点,引入一种新的传感器网络结构,随机部署于水面的传感器节点可通过连接于水面浮标的电缆来调整其在水中的深度,所调节的深度由该节点调整空间范围内的邻居节点的数目所确定,通过节点在水下深度的调节使得水下三维空间得到尽可能的覆盖,但该网络结构的缺点是,节点之间通信必须通过水面的浮标来完成,其通信方式并未采用水下声通信方式。文献[6]提出了一种基于分簇思想的深度调节机制,以减少节点之间的覆盖重叠部分为目标来调节各自的深度;文献[7]讨论了将深度调节机制引入 USN 所带来的优势和挑战;文献[8]分别针对 USN 的 2D 和 3D 情况提出了不同的部署架构,提出不同的部署策略,并研究了以最少节点实现最优覆盖连通,为实现指定水面区域的最优部署提供了指导;但这几种算法所使用的节点感知模型和实际情况差别较大。除了深度调节机制,在节点的移动性方面,文献[9]提出了一种基于节点移动性的随机部署方式,算法利用泰森图查找区域的覆盖漏洞并利用节点的移动性弥补漏洞,以实现目标区域的覆盖,但主要适用于 2D 情况下的部署。

　　本章结合被动声呐节点的概率感知模型,利用改进后 D-S 证据理论和相应的数据融合模型及目标节点关于深度分布的先验概率,分析了数据融合对于水下传感器网络信度覆盖的影响,提出了基于信度势场算法的水下传感器节点部署算法,该算法能够在满足覆盖的要求下能够有效减少部署节点的数目,延长网络寿命,扩大网络的检测范围,提高网络的探测性能。

6.2　背景知识与相关定义

6.2.1　D-S证据理论基础

证据理论[10]是由 Dempster 在 1967 年首先提出,并由他的学生 Shafer 在 1976 年后进一步发展起来的一种不精确推理的理论,也称之为 Dempster-Shafer 证据理论,即 D-S证据理论,是人工智能的范畴之一,其最早被应用再专家处理系统中,用来处理不确定性的信息。作为不确定推理方法的一种,证据理论最主要特点是:满足比传统贝叶斯概率理论更弱的数学条件;拥有可以直接表达出"不确定"或者"不知道"的能力。

在 D-S证据理论中,由具有互不相容条件的基本命题或者假定组成的完备集一起称为识别框架,表示对某一问题的所有的可能答案,但是只有其中的一个答案才是正确的。包含于该框架的子集被称为命题。分配给各个命题子集的信任度被称为基本的概率分配(BPA,也称 m 函数), $m(A)$ 是基本的可信任度,它反映了对事件 A 可信度的大小。信任函数 Belgium(A) 表示对于命题 A 的信任度,似然函数 Pl(A) 表示对于命题 A 非假的信任度,也即对 A 似乎可能成立的不确定性的度量,实际上,[Bel(A),Pl(A)]表示 A 的不确定性区间,[0,Bel(A)]表示命题 A 所支持的证据区间,[0,Pl(A)]表示命题 A 的拟信任区间,[Pl(A),1]表示命题 A 的拒绝的证据区间。设 m_1 和 m_2 是由两个相互独立的证据源所导出的基本概率分配函数,那么 Dempster 联合规则能够计算出这两个证据源相互共同作用所产生的反映数据融合信息的基本概率分配函数。

作为一种数学推理形式,D-S证据理论因为具有完备的数学基础,可以通过对事件的概率加以约束来建立信任函数而不需要说明那些精确的且难以获得的概率,可以方便地处理由"不知道"所引起的"不确定"而成为不确定性推理中最常用的方法之一,在不确定推理和多传感器信息融合中得到广泛应用。然而,在实际应用中因为证据源会相互冲突而导致无法使用证据理论或者融合结果与实际情况相冲突的情况,为了避免这样的问题,本书使用改进后的 D-S证据理论。

6.2.2　被动声呐节点的概率感知模型

为了解决节点部署和网络覆盖的问题,必须建立合适的节点感知模型。节点的感知模型描述了节点的作用半径和检测能力,由传感器的物理特性所决定。常用的节点感知模型有二元感知模型(0-1 模型)、概率感知模型和统计模型。其中，0-1 模型较为简单，与实际的感知模型有较大差距；文献[11]针对 0-1 模型的缺点和不足，提出了统计模型，其相对 0-1 模型有了很大的改进，更加贴近实际情况。

考虑具有假设 H_0 和 H_1 二元假设问题，H_0 表示没有目标，H_1 表示目标出现。假设各部声呐工作在被动接收方式，接收机的输出服从高斯分布。这种假设适用于典型的被动声呐接收机，如平方积分处理器。接收机输出的概率密度函数分别为[12]

在 H_0 时，

$$P_{N}(x) = \frac{1}{\sigma_{N}\sqrt{2\pi}}\exp\left[-\frac{(x-M_{N})^2}{2\sigma_{N}^2}\right] \tag{6-1}$$

在 H_1 时，

$$P_{S+N}(x) = \frac{1}{\sigma_{S+N}\sqrt{2\pi}}\exp\left[-\frac{(x-M_{S+N})^2}{2\sigma_{S+N}^2}\right] \tag{6-2}$$

其中，M_N、σ_N^2 为输出噪声的均值和方差；M_{S+N}、σ_{S+N}^2 为信号加噪声的均值和方差。假设接收机的检测门限为 V_T，令 $y_1 = (V_T - M_N)/\sigma_N$，$y_2 = -(V_T - M_{S+N})/\sigma_{S+N}$，则第 i 部声呐的虚警和检测概率为

$$P_{F_i}(x) = \int_{V_T}^{\infty} P_{N}(x)\mathrm{d}x = 1 - \Phi(y_1) \tag{6-3}$$

$$P_{D_i}(x) = \int_{V_T}^{\infty} P_{S+N}(x)\mathrm{d}x = \Phi(y_2) \tag{6-4}$$

针对一般的数字信号处理系统经常定义它的输出概率的信噪比为 $d_i = (M_{S+N} - M_N)^2/\sigma_N^2$。同样，不失一般性，假设单独存在噪声时的均值为 $M_N = 0$。在进行较远距离探测的情况下，我们可以认为信号的均方差远远小于噪声的均方差，即 $\sigma_{S+N} \approx \sigma_N$，因此有

$$y_2 = \sqrt{d_i} - V_T/\sigma_N = \sqrt{d_i} - y_1 \tag{6-5}$$

假设目标声源为 SL，中心频率为 f，环境噪声为 NL。所有声呐基阵性能相同：接收指向性指数为 DI；能量检测的积分增益为 $5\lg BT$。声音信号在海洋中的传播损失选用以下的数学模型：

$$TL(R_i) = 20\lg R_i + \lambda R_i \tag{6-6}$$

其中，R_i 为目标节点坐标与第 i 部声呐接收机之间的距离(单位 m)；λ 为吸收系数(单位 dB/m)。

当 $f < 10\mathrm{kHz}$ 时，$\lambda = 0.007f^2 + 0.236f^2/(2.9 + f^2)$ (dB/km)。被动声呐方程为

$$DT = SL - TL(R_i) - NL + DI \tag{6-7}$$

其中，$DT = 5\lg d_i - 5\lg BT$ 为检测阈。

6.2.3　相关定义

针对被动声呐的探测模型,本书做出如下定义。

定义 6.1(检测信度)　假设传感器网络对检测区域内的某一点 Q 的检测结果为 U,检测结果 U 的可信度为 $\Gamma_U(Q)$,那么称传感器网络对点 Q 检测结果的可信度 $\Gamma(Q)$ 为传感器网络对 Q 的检测信度。

定义 6.2(κ-信度覆盖)　给一定值 $\kappa \in (0,1)$,如果传感器网络检测区域内一点 P 的检测信度 $\Gamma(P)$ 满足

$$\Gamma(P) \geqslant \kappa \tag{6-8}$$

时,称该传感器网络对点 P 为 κ-信度覆盖。

如果传感器网络对其检测区域内的任一点 P 的检测信度 $\Gamma(P)$ 都满足

$$\Gamma(P) \geqslant \kappa \tag{6-9}$$

时,称该传感器网络为 κ-信度覆盖。

定义 6.3(κ-信度覆盖率)　网络中满足 κ-信度覆盖的检测区域(体积)与网络所要检测的总区域(体积)之比

$$\eta = \frac{V_\Gamma(\kappa)}{V_\Gamma} \times 100\% \tag{6-10}$$

为网络的 κ-信度覆盖率。其中,V_Γ 表示整个传感器网络要检测的区域(体积);$V_\Gamma(\kappa)$ 表示网络中满足 κ-信度覆盖的检测区域(体积)。η 反映了网络对要检测的区域的覆盖性能,η 越大说明网络中的检测盲区越少。当 $\eta = 100\%$ 时,认为网络实现了完全 κ-信度覆盖。

定义 6.4(有效检测率)　假设传感器网络的检测区域中有 N 个要感知的目标节点,其中有 N_A 个目标节点能够被有效检测出来,那么

$$\phi = \frac{N_A}{N} \times 100\% \tag{6-11}$$

称为传感器网络对目标节点的有效检测率。

传感器网络的有效检测率 ϕ 反映了传感器网络对目标节点的检测能力,ϕ 越大,传感器网络对目标节点的检测能力就越高,其性能和可靠性也就越好。

6.3　基于信度势场算法的水下传感器网络部署

6.3.1　基于改进 D-S 证据理论的数据融合模型

数据融合可以减少网络中数据的通信量,能够有效降低传感器节点的能耗,提高传感器网络对目标的可探测性,扩大网络的检测范围,改进传感器网络探测性能。按照信息抽象层次的不同,数据融合可以分为五类:位置级融合、检测级融合、

属性级融合以及态势评估级融合和威胁估计级融合[10]，其中，前面三种都属于数值融合，后面两种则属于决策级融合。

在水下传感器网络中，为了获得更可靠的监测结果，依据被动声呐方程，在6.2.3 节的前提条件下，可以到改进后的 D-S 融合准则如下：

$$\Gamma(U) = \theta_1 u_1 + \theta_2 u_2 + \cdots + \theta_i u_i + \cdots + \theta_n u_n = \sum_{n=1}^{n} \theta_n u_n \qquad (6-12)$$

其中，$\Gamma(U)$ 为给定向量 U 时融合节点判断目标出现的信度；θ_i 为第 i 个声呐节点的证据权，θ_i 与声信号在海洋中的传播损失 $TL(R_i)$ 成负相关，即 $TL(R_i)$ 越大，θ_i 就越小，其判断的可信度也就越低。

依据式(6-12)以及证据理论的相关知识，可以得到改进后的 D-S 判决准则

$$\kappa(U) = P(u_0 = 1 | U) = \begin{cases} 1, & \Gamma(U) \geqslant t \\ 0, & \Gamma(U) < t \end{cases} \qquad (6-13)$$

其中，$\kappa(U)$ 为给定向量 U 时融合节点判断目标出现的结果；t 为融合节点判决门限。

6.3.2　水下传感器网络的 κ-信度覆盖分析

本书对于给定的区域，假设水下传感器网络的所检测的区域水文环境稳定，即水下噪声值 NL 为定值；被动声呐感知节点的性能相同，即对相同的目标在相同距离上的虚警概率和感知概率相同。对于单个节点来讲，假设目标与节点的距离为 R ，那么，由式(6-3)和式(6-4)可得，被动声呐节点对于目标的虚警概率仅仅和环境噪声与检测门限值有关。由于环境噪声和检测门限值一定，那么，P_F 也为定值。根据式(6-3)～式(6-7)，可得到节点对目标的感知概率 P_D 与距离 R 之间的函数关系如下：

$$P_D = \Phi(\sqrt{d_i} - y_1) = \Phi\left(\frac{20 \lg R + \lambda R + ND}{\sigma_N}\right) \qquad (6-14)$$

其中，ND＝NL－DI。对于给定的目标，式中的 λ 为定值。

在水下传感器网络的检测范围内，若有个感知节点参与了数据融合，每个节点对目标节点的感知概率分别为 $P_{D1}, P_{D2}, \cdots, P_{Dn}$，那么该第 i 个传感器节点对目标节点 Q 的检测结果信度也为 $\Gamma(Q) = P_{Di}$，则该节点的证据权 θ_i 为

$$\theta_i = P_{Di} / (P_{D1} + P_{D2} + \cdots + P_{Dn}) = P_{Di} / \sum_{n=1}^{n} P_{Dn} \qquad (6-15)$$

由于 $0 < P_{Di} < 1 (i = 1, 2, \cdots, n)$，由式(6-10)可得，对于目标节点 U 有 $\Gamma(U) > \Gamma(Q)$，即若是网络内进行了数据融合，网络对目标节点 Q 的检测信度 κ 必将增大，因此，当检测信度 κ 保持不变的情况下，若是感知节点参与了数据融合，那么有效检测距离必将增大，即检测节点在满足 κ-信度覆盖的条件下感知半径增加，感知区域增大。

　　由于单个节点的感知区域增大,在给定的区域中若是节点数目不变,那么 κ-信度覆盖的区域就会增大,根据式(6-12),参与了数据融合后,$V_r(\kappa)$ 增大,V_r 不变,η 将会增大。同理,根据式(6-13),单位节点 κ-信度覆盖系数 ϕ 也会在参与数据融合后增大,即单个节点的覆盖效率也会随着数据融合而增大。

6.3.3　基于信度势场算法的节点部署算法

　　水下待监测目标的出现以及变化存在一定的规律或受某些因素的制约,如鱼群的游动与季节的关系、水质信息收集与海流的关系、船舶舰艇航行与航道的关系等。因此如果能够充分利用与目标有关的信息来设计无线传感器节点部署算法,将能够大大提高网络节点的部署效率。针对那些分布情况与位置(深度、航线等)相关的目标节点(一部分鱼群、潜艇等),利用检测区域中目标分布的先验概率,结合改进后的 D-S 证据理论和数据融合模型,本章提出一种基于改进 D-S 证据理论和先验概率的节点部署算法。

　　为了便于数据的计算和网络模型的建立,根据 6.3.2 节的分析,我们作如下假设:

　　(1) 所有被动声呐的节点性能相同,即传感器节点感知能力相同;

　　(2) 所有传感器节点都有数据融合的能力,都能够完成与汇聚节点的水下通信,且能够完成自我定位和自由移动;

　　(3) 检测区域中环境噪声稳定且均匀分布,其波形、幅度、频率都保持稳定;

　　(4) 检测区域中目标节点关于位置的分布概率已知;

　　(5) 节点在检测状态下分为通信和静默两个状态,且通信状态下节点的能耗要高于静默状态。

　　算法步骤具体如下(算法流程图如图 6-1 所示):

　　步骤 1　将检测区域分块,依据目标节点在检测区域中的分布概率,将检测区域分块并确定各个检测块的检测信度 κ 的值,转入步骤 2。

　　步骤 2　根据各个检测块的 κ 值确定该检测块的感知节点部署密度 ρ,依据部署密度 ρ 随机部署传感器感知节点,转入步骤 3。

　　步骤 3　各个传感器感知节点依据自己的位置和 2κ 值,利用"虚拟势场"原理,将传感器节点看成分子,分子之间的合力与分子之间距离相关,而节点之间的合力与节点的检测信度相关。假设检测块的检测信度为 κ,节点的检测信度为 κ',τ 为阈值。

　　当节点的检测信度满足

$$\kappa' > \kappa + \tau \tag{6-16}$$

时,合力为引力,节点相互移近一个单位;

　　当节点的检测信度满足

$$\kappa' < \kappa - \tau \tag{6-17}$$

时,合力为斥力,节点相互移远一个单位;

当检测块中所有节点的检测信度满足

$$\kappa - \tau \leqslant \kappa' \leqslant \kappa + \tau \tag{6-18}$$

时,所有节点的位置已经最优,该检测块部署完毕,转入步骤 4。

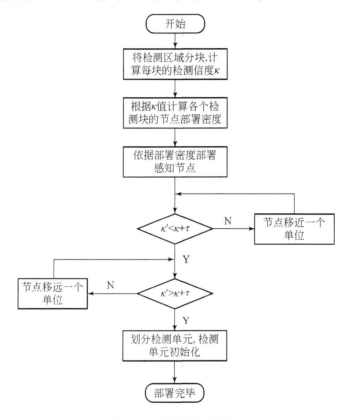

图 6-1　部署算法流程图

步骤 4　划分检测单元,各个检测块将传感器节点分成图 6-2 所示的检测单元(顶点所示为传感器节点),转入步骤 5。

步骤 5　每个检测单元完成初始化,完成数据融合任务分配和数据融合节点轮换顺序,转入步骤 6。

步骤 6　数据融合节点每隔一定时间收集单元检测块中其他检测节点检测信息并进行数据融合,转入步骤 7。

步骤 7　数据融合节点完成数据融合后将信息发给汇聚节点,然后根据数据融合节点轮换顺序指定下一个数据融合节点并广播给其他节点,转入步骤 8。

步骤 8　节点收到节点融合的命令后,重复步骤 6 和步骤 7,直至所有节点死亡,部署结束。

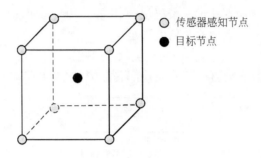

○ 传感器感知节点
● 目标节点

图 6-2　检测单元模型

6.4　仿真实验与结果分析

6.4.1　仿真实验参数设置

本书采用 MATLAB 作为仿真工具。仿真实验的参数设置为:目标声源级为 SL=110dB,中心频率为 f=1000Hz,环境噪声级 NL=30dB,所有的被动声呐节点的性能相同;接收指向性指数为 DI=15dB,κ=0.85,BT=4000,t=0.5,假设单个被动声呐节点在满足 κ-信度覆盖的条件下的有效监测半径 R_{effic}=50m。假设检测区域的水深为 H=1000m,长为 a=10000m,宽为 b=1000m,不考虑洋流以及水下环境的影响。

假设在检测区域中,目标节点分布概率在水平上为均匀分布,与目标节点所处的水深 h 服从高斯分布

$$f(h)=\frac{1}{\sqrt{2\pi}\sigma}\mathrm{e}^{-\frac{(h-\mu)^2}{2\sigma^2}} \tag{6-19}$$

其中,μ 为极限深度;σ 为深度的方差。仿真中,假设目标节点出现在深度为 0~1000m 范围内的概率为 99%时,假设 σ=85,h=500m 为热点深度,此时目标节点关于深度的概率密度分布图如图 6-3 所示。

根据水下传感器网络和被动声呐节点的特点以及相关定义,分别仿真均匀部署算法和基于均匀分布的非均匀部署算法下监测区域的覆盖性能与采用基于改进 D-S 证据理论和先验概率部署算法后监测区域的覆盖性能以及对区域中目标节点检测结果的检测信度的变化。若是网络覆盖率越高,对目标节点的检测信度越大,则说明网络的监测效果越好。

6.4.2　仿真结果分析

根据 6.4.1 节中的参数,本节分别利用本书中的算法(NAAEP)、基于均匀部

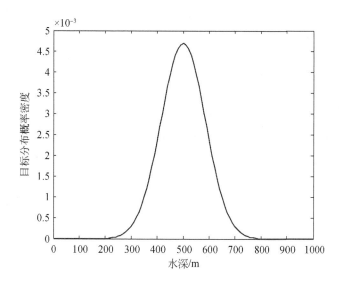

图 6-3　目标出现深度的概率分布图

署的非均匀部署算法(NABI)以及均匀部署算法(NABU),检测区域内任一目标的检测信度与该目标和最近的传感器的距离的关系、相同数量传感器节点所组成的检测网络理论上最大检测区域、相同传感器节点检测同一检测区域的 $H=1000m$-信度覆盖率、检测区域内存在相同数量目标节点下网络的有效检测率作出仿真。结果分别如图 6-4 ~ 图 6-7 所示。

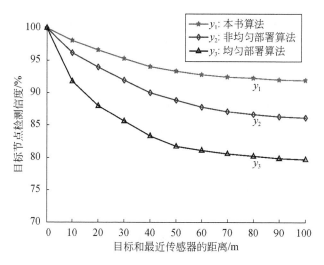

图 6-4　目标结果信度和最近传感器距离的关系

图 6-4 是在 NAAEP、NABI 和 NABU 算法下,同一检测区域内同样数量传感

器条件下,目标节点的检测结果信度的对比图。NAAEP、NABI 两种算法考虑了目标分布的先验概率,目标出现概率大的区域节点的部署密度也相应增大,相比 NABU 算法,其检测结果的检测信度较高。由图中可以看出数据融合算法提高了检测结果的检测信度,在条件相同的情况下,NAAEP 算法的检测结果信度要高于 NABI。

图 6-5 是在 NAAEP、NABI 和 NABU 算法下,最大检测区域的对比图。可以看出,相较于 NABI 和 NABU 算法,NAAEP 的最大理论检测区域有了很大的提高,由图 6-5 可以看出,在 NAAEP 算法下,感知节点的有效检测半径相比 NABU 算法几乎提高了 100%,而相比 NABI 算法,也提高了超过 30%,又因为 NAAEP 采用了数据融合消除了许多检测盲区,因此其最大理论检测区域相较于其他两种算法有明显的优势。

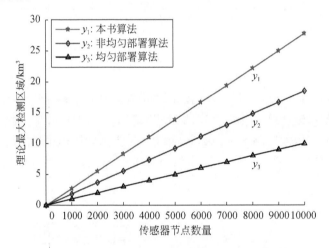

图 6-5　理论最大检测区域与传感器节点数量的关系

图 6-6 是在 NAAEP、NABI 和 NABU 算法下,同一检测区域的有效信度覆盖率随着传感器节点数量增加的变化的对比图。从图中可以看出,同一检测区域中,随着感知节点的不断增加,检测区域的有效覆盖率都在不断增加,但 NABU 算法一直呈线性增长,而 NAAEP 和 NABI 算法的增长则是先快后慢,尤其是 NAAEP 算法,这是因为当检测区域的有效覆盖率超过 60% 后,随着冗余节点的增多,节点的覆盖效率会越来越小。可以看出 NAAEP 算法相较于其他两种算法能够更好地提高检测网络的冗余度和可靠性,延长网络的寿命,由于减少的节点数量,网络的开销也会相应的减少。

图 6-7 是在 NAAEP、NABI 和 NABU 算法下,同一检测区域分别实现了 $a=$ 10000m-信度覆盖后,按照目标节点分布的先验概率分布相同数量的目标节点,三种算法有效检测率的对比图。可以看出,三种算法都能检测到大多数目标节点,但

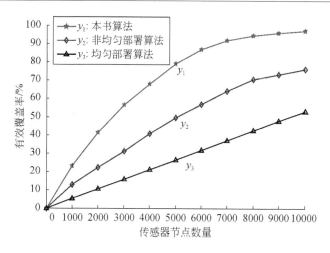

图 6-6　有效覆盖率与传感器数量的关系

是由于 NAAEP 算法和 NABI 算法考虑到了目标节点分布的先验概率,而且 NAAEP 算法使用了基于改进后 D-S 证据理论的融合准则,因此的 NAAEP 算法有效检测率最高,NABI 算法次之,NABU 算法最低,并且三种算法的有效检测率都有所波动,这是因为目标节点的特性以及其分布的先验概率存在波动的关系。

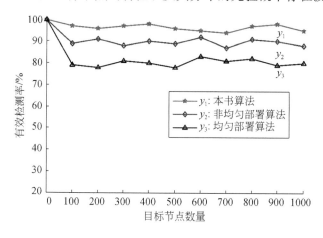

图 6-7　有效检测率与节点数目之间的关系

由上分析可以看出,基于改进 D-S 证据理论和先验概率的水下传感器网络节点部署算法相比其他两种部署算法,能够有效减少水下传感器网络的传感器节点数量,提高感知节点的有效感知半径和感知效率,扩大检测范围,提高检测结果的可靠性,对监测区域内的目标节点的检测能力更好,验证了部署算法的有效性和优越性;通过轮流充当融合节点和通信节点,能够有效减少网络的节点能耗和网络的总能耗。

6.5　本章小结

　　本章针对水下传感器网络节点的三维部署,利用被动声呐概率感知模型和改进后 D-S 证据理论数据融合模型,提出了基于改进 D-S 证据理论和先验概率的水下传感器网络节点部署算法。基于改进后的 D-S 融合判决准则,分析了在采用了数据融合处理算法后下水下传感器网络的检测区域的 κ -信度覆盖的变化,依据分析结果以及检测区域中目标分布的先验概率,本章提出了基于改进 D-S 证据理论和目标分布先验概率的水下传感器节点部署算法。通过仿真实验验证了算法的有效性。仿真结果表明,NAAEP 能够有效减少部署节点,减少节点能耗,扩大检测范围,提高网络的探测性能。由于本章假设比较理想,将实际工作中的部分因素忽略,而且当证据的冲突较大时,利用 D-S 证据理论进行融合的结果的可靠性将会有很大程度的下降,下一步拟在此基础上进行改进,对本章所使用的模型进行优化研究,并尝试采用其他的融合策略来优化水下传感器网络节点三维部署算法使之更加高效。

参 考 文 献

[1] 刘惠,柴志杰,杜军朝,等. 基于组合虚拟力的传感器网络三维空间重部署算法研究. 自动化学报,2011,37(6): 4457-4463.

[2] Pompili D, Melodia T, Akyildiz I F. Deployment analysis in underwater acoustic wireless sensor networks. International Conference on Mobile Computing and Networking: Proceedings of the 1st ACM International Workshop on Underwater Networks. USA: ACM, 2006: 48-55.

[3] Alam S M, Haas Z. J. Coverage and connectivity in three-dimensional networks. Proceedings of the 12th Annual International Conference on Mobile Computing and Networking. ACM New York, NY, USA: 2006: 346-357.

[4] Detweiler C, Doniec M, Vasilescu I, et al. Autonomous depth adjustment for underwater sensor networks. Proceedings of the 5th ACM International Workshop on Under Water Networks. USA: ACM, 2010: 12.

[5] Cayirci E, Tezcan H, Dogan Y, et al. Wireless sensor networks for underwater survelliance systems. Ad Hoc Networks(S1570-8705), 2006, 4(4): 431-446.

[6] Akkaya K, Newell A. Self-deployment of sensors for maximized coverage in underwater acoustic sensor networks. Computer Communications(S0140-3664), 2009, 32(7): 1233-1244.

[7] Akyildiz I F, Pompili D, Melodia T. State-of-the-art in protocol research for underwater acoustic sensor networks. Proceedings of the 1st ACM international workshop on Underwater networks. USA: ACM, 2006: 7-16.

[8] Pompili D, Melodia T, Akyildiz I F. Three-dimensional and two-dimensional deployment

analysis for underwater acoustic sensor networks. Ad Hoc Networks（S1570-8705），2009，7（4）：778-790.

[9] Wang G, Cao G, La Porta T. Movement-assisted sensor deployment. INFOCOM 2004, Twenty-third Annual Joint Conference of the IEEE Computer and Communications Societies. USA：IEEE,2004：2469-2479.

[10] 韩崇昭,朱洪艳,段战胜,等,多源信息融合. 北京：清华大学出版社,2010.

[11] 罗强,潘仲明. 一种小规模水下无线传感器网络的部署算法. 传感技术学报,2011,24（7）：1043-1047.

[12] 黄艳,梁炜,于海斌. 通信约束下水声信号分布式检测融合算法研究. 信息与控制,2007,36（6）：767-771.

第7章 基于模糊数据融合的水下传感器网络部署算法

不确定覆盖是传感器网络的一个关键问题。目前研究不确定覆盖的方法主要是以数理统计和概率论为基础的。然而在实际应用中,节点检测结果的可信度与检测目标的距离、检测目标的特性以及周边环境状况有关,可信度取值在 0 和 1 之间变化。网络中感知节点的感知能力没有明显而精确的边界,而且感知能力随着时间的变化而有所变化,不同的感知节点也存在着一定的差异性,这都显示了传感器节点感知能力的模糊特性。而模糊理论在处理不确定问题和具有模糊特性的目标时具有特有的优势。

文献[1]提出了一种鱼群启发的水下传感器节点布置算法,具有复杂度低、计算量较小、收敛速度快等优点,该算法较少考虑环境以及目标分布的影响。文献[2]利用目标分布的先验概率模型,提出了基于潜艇深度的节点部署算法,该算法能够在保证较高覆盖质量的前提下,降低网络的整体能耗,延长网络的生存时间,其采用的感知模型为圆盘模型,与实际模型有较大的出入。文献[3]则针对水下声学传感器网络,提出了水面网关簇头节点的部署和优化策略,但是没有涉及水下的感知节点的部署。文献[4]针对三维水下传感器网络模型,提出了改进的虚拟势场算法,通过调整水下传感器节点与浮标节点之间的距离,减少传感器网络中的覆盖盲区和感知重叠区域,从而达到覆盖增强的目的,但是所使用的网络模型较为单一,没有考虑实际情况中的目标分布概率对感知结果的影响。文献[5]将刚性理论引入部署算法中,定义了节点域的"刚性-覆盖值"作为水下传感器节点所处位置的评价指标,并基于此设计了刚性驱动的节点移动策略,从而使得网络拥有更好的覆盖度和连通性,但是该算法没有考虑节点的差异性而且使用的感知模型较为简单,而且该算法中节点动态调整阶段过于复杂,影响了网络的实际寿命。

本章建立传感器网络节点模糊感知模型以及模糊数据融合模型,结合环境对探测结果的影响因素,提出相应的水下传感器节点部署算法,可在满足覆盖的要求下减少部署节点的数目,延长网络寿命,扩大网络的覆盖范围,提高网络的检测性能。

作为水下传感器网络的硬件支撑,水下传感器节点用来完成数据采集和网络通信,其性能特点直接影响着网络体系结构及网络协议。研发低能耗、低成本、体积小、低误码率、高通信速率的水下传感器节点对水下传感器网络的发展具有重要作用。水下节点一般可分为三类[11]:在海底用锚链进行固定;基于浮标漂浮在海面;搭载自主式水下航行器(AUV)上构成移动节点,移动节点可以自由移动以扩大监测范围。本章研究的传感器节点感知模型采用被动声呐。

7.1　基于模糊数据融合的传感器网络节点部署策略

7.1.1　相关定义

定义 7.1(影响因素集)　假设存检测区域中的一点 Q 位于一感知节点的感知范围内,传感器网络中能够影响点 Q 处的检测结果的客观因素的集合

$$U = \{u_1, u_2, \cdots, u_n\} \tag{7-1}$$

称为影响因素集。其中能够有利于网络对 Q 处结果检测的因素称为乐观因素(积极因素),而干扰网络对 Q 处出结果检测的因素称为悲观因素(消极因素)。这里定义如果 $u_i(0 < i \leqslant n)$ 是乐观因素那么 $u_i = 1$,否则 $u_i = 0$。对于被动声呐传感器感知节点,其乐观因素有:目标节点声源级 SL,目标分布概率函数 $f(t)$,目标的频率 f,等等;悲观因素有环境噪声分布 $N(t)$,目标指向性指数 NI,目标的传播损失以及其他干扰因素 M 等。

定义 7.2(影响因素权重集)　网络对点 Q 处的检测结果进行数据融合时,影响因素 $u_i(i = 1, 2, \cdots, n)$ 所对应的权重的集合

$$V = \{v_1, v_2, \cdots, v_n\} \tag{7-2}$$

称为影响因素权重集。其中

$$v_1 + v_2 + \cdots + v_n = 1 \tag{7-3}$$

定义 7.3(结果评价集)　传感器网络依据点 Q 处的影响因素集和影响因素权重集作如下运算:

$$W = UV^{\mathrm{T}} = \{u_1 v_1, u_2 v_2, \cdots, u_n v_n\} \tag{7-4}$$

所得的结果称为结果评价集。

定义 7.4(感知指数)　假设点 Q 为检测区域内任意一点,其结果评价集为

$$W_Q = \{w_1, w_2, \cdots, w_n\} \tag{7-5}$$

定义向量 W_Q 的模

$$\nu(Q) = |W_Q| = \sqrt{w_1^2 + w_2^2 + \cdots + w_n^2} \tag{7-6}$$

称为网络对点 Q 处的感知指数。

引理 7.1　如果感知节点的感知区域环境稳定,目标节点的覆盖指数会随着目标节点与感知节点的距离 R_i 的增加而减小。

证明　由于感知区域环境稳定,其悲观因素分布均匀,随着目标节点与感知节点的距离 R_i 的增加,悲观因素的权重增加,而乐观因素的权重减少,由式(6-6)可知,目标节点的感知指数 $\nu(Q)$ 减小。

模糊感知模型:由于影响因素集中,有很多因素是随机的而且是不停变化的,所以感知节点对目标点的感知指数 $v(Q)$ 的也是不停变化的,但是这些随机性因子对感知指数 $v(Q)$ 的影响是有限的,因此感知节点对目标节点的感知指数 $v(Q)$ 为一个可变的范围,因此,我们不能得出感知节点对目标节点的精确的感知指数 $v(Q)$ 。由引理 7.1 可知,随着目标节点与感知节点距离的增加,其对目标节点的感知能力不断下降,感知节点的感知能力也会形成一个个的"模糊感知环",当我们依据探测要求将相近的"模糊感知环"融合之后,就可得到感知节点的模糊感知模型(如图 7-1 所示),在该模型中,依据节点感知能力的强弱,将"模糊感知环"分别定义为很强(very-strong)、强(strong)、弱(weak)、很弱(very-weak)。

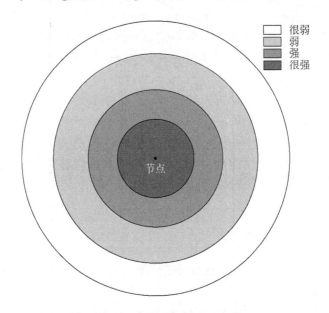

图 7-1　模糊感知模型示意图

引理 7.2　假设目标节点处于多个感知节点的感知区域中,那么经过数据融合后,目标节点的覆盖指数会增大。

证明　如图 7-2 所示,点 O 位于感知节点 A、B、C 的感知区域中,经过数据融合后,由于 3 个传感器同时对点 O 检测,点 O 处的积极因素增多,其权重相应增加,因此由式(6-6)可知,相对于一个传感器节点感知的情况下,点 O 的感知指数增大,相应的,经过数据融合后感知节点的感知区域增大,相当于单个节点的感知区域增大,即对于相同的检测区域,要达到相同的检测效率,感知节点的数目减少。

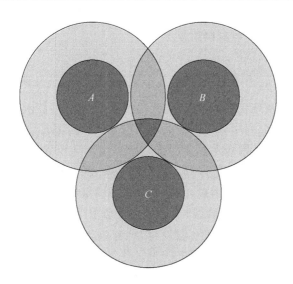

图 7-2　数据融合示意图

7.1.2　数据融合模型

水下传感器网络系统中,数据融合系统主要为数值融合中的检测级融合,即由数据融合节点和探测节点组成。每个探测节点单独进行探测,并将探测结果传送至数据融合节点,最后由融合节点做出最后决策。本书中,传感器节点为被动声呐。假设在一个数据融合单元中,存在 n 个探测节点,探测节点 i 对目标节点的影响因素集为 U_i ,影响结果权重集为 V_i ,依据模糊融合规则,那么网络对目标节点的融合结果为

$$U = U_1 \oplus U_2 \oplus \cdots \oplus U_n = \{u_1, u_2, \cdots, u_m\} \tag{7-7}$$

$$V = V_1 \oplus V_2 \oplus \cdots \oplus V_i = \{v_1, v_2, \cdots, v_m\} \tag{7-8}$$

依据 7.1 节中的相关定义,可得网络对目标节点的结果评价集为

$$W = U \cdot V^{\mathrm{T}} = \{w_1, w_2, \cdots, w_m\} \tag{7-9}$$

传感器网络对目标节点的感知指数为

$$v(W) = |W| = \sqrt{w_1^2 + w_2^2 + \cdots + w_m^2} \tag{7-10}$$

依据传感器网络对目标节点的检测结果,依据模糊理论,判决准则如下:

$$\kappa(W) = P(u_0 = 1 \,|\, W) = \begin{cases} 1, & v(W) \geqslant t \\ 0, & v(W) < t \end{cases} \tag{7-11}$$

其中,$\kappa(U)$ 为给定向量 U 时融合节点判断目标出现的结果;t 为融合节点判决门限。

7.1.3 基于模糊模型的节点部署算法

水下目标的出现或变化往往有一定的规律或受某些因素的制约,如鱼群与季节的关系、水质信息与海流的联系、潜艇下潜深度与潜艇承受压力的关系等。目标节点所处的位置以及环境噪声也在很大程度上影响传感器网络对目标节点的检测,因此如果能够充分利用与目标有关的信息来设计传感器节点部署算法,将能够大大提高网络节点的部署效率。针对那些分布情况与位置(深度、航线等)相关的目标节点(一部分鱼群、潜艇等),利用检测区域中目标分布的先验概率和目标节点所处环境对检测结果的影响因素,结合模糊感知模型和数据融合模型,本书提出一种基于模糊感知模型和模糊判决准则的节点部署算法(NAFC)。

根据前面的分析,我们作如下假设:①所有被动声呐的节点性能一致,节点感知能力一致;②所有传感器节点可进行数据融合,都能够完成与汇聚节点的水下通信,且能够完成自我定位和自由移动;③检测区域中环境噪声依据位置分布,但是同一位置的环境噪声其波形、幅度、频率都保持稳定;④检测区域中目标节点关于位置的分布概率已知;⑤节点在工作状态下分为通信和检测两个状态,且通信状态下,节点的能耗要高于检测状态。

算法步骤如下:

步骤 1 依据目标节点在检测区域中的分布概率以及环境影响因素,将检测区域分块($V_1, V_2, \cdots, V_l$),转入步骤2。

步骤 2 对于检测块 $V_i (0 < i \leqslant l)$,确定该检测块中感知节点的模糊感知模型 M_i,依据模糊感知模型分别计算该检测块的模糊感知半径 R_i 以及各个节点之间的最佳间距 D_i 以及门限值 t,转入步骤3。

步骤 3 依据检测块 $V_i (0 < i \leqslant l)$ 的覆盖要求和感知节点的模糊感知半径 D_i,计算该检测块的节点部署密度 ρ_i 和节点冗余度 γ_i,转入步骤4。

步骤 4 在检测块 $V_i (0 < i \leqslant l)$ 中随机抛撒 N_i 个感知节点,其中 $N_i = \rho_i \times V_i \times (1 + \gamma_i)$,转入步骤5。

步骤 5 对于检测块 V_i,随机唤醒 N'_i 个感知节点(sleep=0),其中 $N'_i = \rho_i \times V_i$,将其标志位 flag=0,余下的节点进入 sleep 状态(sleep=1),转入步骤6。

步骤 6 在检测块 V_i 中,随机选择一个唤醒状态的感知节点(sleep=0),使其 ID=1,flag=1,选择距离最近的感知节点,将其 ID=2,计算两节点之间的距离为 D',转入步骤7。

步骤 7 如果节点距离 D' 满足 $D_i - t \leqslant D' \leqslant D_i + t$,将节点2的标志位 flag=1,转入步骤10;否则,转入步骤8。

步骤 8 如果节点距离 D' 满足 $D' < D_i - t$,感知节点间的合力为斥力,节点2移远一个单位,转入步骤7;否则,转入步骤9。

步骤 9　如果节点距离 D' 满足 $D' > D_i + t$，感知节点间的合力为引力，节点 2 移近一个单位，转入步骤 7。

步骤 10　选择距离调整节点 n 最近目标志为 0 的节点，将其 ID 置为 $n+1$，重复步骤 7～步骤 9，直到 N'_i 个节点全部调整完毕，该检测块部署完毕，转入步骤 11。

步骤 11　重复步骤 6～步骤 10，调整所有检测块中的感知节点，直至 l 个检测块全部调整完毕，检测区域节点部署完毕，转入步骤 12。

步骤 12　网络进入动态调整阶段，一旦出项节点死亡，就选择距离死亡节点最近的休眠节点，将其移动至死亡节点所在的位置并唤醒，直至所有节点死亡网络寿命结束。

7.2　仿　真　分　析

7.2.1　仿真设置

本书采用 MATLAB 作为仿真工具。仿真实验的参数设置为：环境噪声级 NL=30dB，中心频率为 $f=1000$Hz，目标声源级为 SL=110dB，所有的被动声呐节点的性能一致；接收指向性指数为 DI=15dB，BT=4000，假设单个被动声呐节点在满足较强覆盖的条件下的有效监测半径 $R_{effic}=250$m。假设检测区域的水深为 $H=1000$m，长为 $a=8000$m，宽为 $b=2000$m，环境超声对声呐的干扰系数为 $\tau=0.05$，不考虑洋流以及其他水下环境的影响。为了简化仿真，假设检测区域中，影响因素集与目标所处的位置的 x 方向上服从高斯分布，与 y 方向和 z 方向无关：

$$f(x) = \frac{1}{\sqrt{2\pi}\sigma} e^{-\frac{(x-\mu)^2}{2\sigma^2}} \qquad (7\text{-}12)$$

其中，μ 为边界位置；σ 为影响因素的方差。仿真中，假设 $\sigma=85$，$\mu=4000$m，此时影响因素因子关于 x 的分布图如图 7-3 所示。

根据水下传感器网络和被动声呐节点的特点以及相关定义，分别仿真刚性驱动水下传感器节点自组织部署算法（RDSD）[5] 以及基于虚拟力原理的部署算法（VFA）下监测区域的覆盖性能与采用基于模糊感知模型和模糊数据融合模型的部署算法（NAFC）后监测区域的覆盖性能以及对区域中目标节点的检测率的变化。若是网络覆盖率越高，对目标节点的检测率越大，则说明网络的监测效果越好。

7.2.2　结果与分析

根据前面的参数，本节分别利用本书中的算法（NAFC）、刚性驱动水下传感器

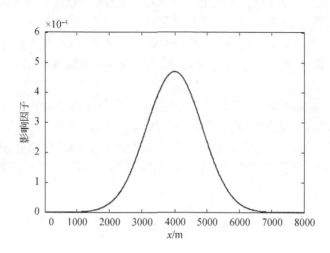

图 7-3　影响因子关于 x 的分布图

节点自组织部署算法(RDSD)以及基于虚拟力原理的部署算法(VFA),相同数量的传感器感知节点对同一检测区域的目标节点的有效检测率、不同算法下传感器节点数量对检测区域的有效覆盖率的影响以及不同算法下感知网络的剩余总能量随时间的变化。结果分别如图 7-4~图 7-6 所示。

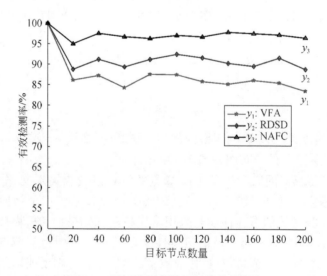

图 7-4　目标检测率随目标数量的变化

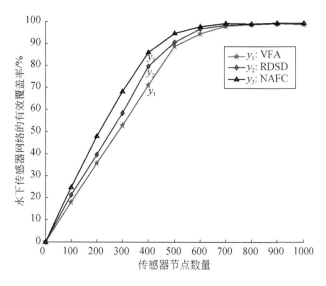

图 7-5　有效覆盖率与感知节点的关系

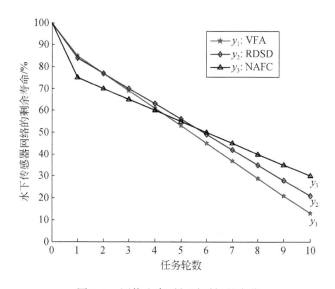

图 7-6　网络生存时间随时间的变化

图 7-4 是在 VFA、RDSD 和 NAFC 算法下,在同一目标区域中部署相同数量的传感器感知节点,对不同数量的目标的进行有效检测率的对比图。由图可以看出,NAFC 算法下,网络对目标节点的有效检测率要高于 RDSD 算法和 VFA 算法,这是因为 NAFC 部署之初下就考虑了环境因素对网络探测性能的影响做出了相应的调整,这样有助于对目标节点的探测。相对于 VFA 算法,RDSD 算法在执行时考虑到了目标事件发生的概率,随着目标事件的发生对目标出现概率不同的

区域所部署的节点密度也会有所区别,所以 RDSD 算法对目标节点的探测性能高于 VFA 算法。

图 7-5 是在 VFA、RDSD 和 NAFC 算法下,在同一检测区域随着传感器感知节点数量的增加,不同算法下感知网络的有效覆盖率的变化的对比图。可以看出,相较于 VFA 算法和 RDSD 算法,NAFC 算法有着更大的有效覆盖率,单个节点的感知效率更高,这是由于节点进行了二次部署,RDSD 算法和 NAFC 算法相比 VFA 算法,减少了传感器感知节点的重叠感知范围,而由于 NAFC 算法相比 VFA 算法采用了模糊数据融合算法,减少了感知盲区,因此,NAFC 算法下感知网络的有效覆盖率高于 VFPP 算法,VFPP 算法高于 RDSD 算法。

图 7-6 是在 VFA、RDSD 和 NAFC 算法下,在同一检测区域同样数量的感知节点在达到相同覆盖性能下,网络的生存时间的对比图。由于 RDSD 算法和 NAFC 算法在最初阶段感知节点的移动以及节点的计算量较大,其能量消耗较大,但是都考虑到了目标部署的先验概率,进入休眠状态的节点数量较多,所以在完成部署后,RDSD 算法和 NAFC 算法单位时间内消耗的能量小于 RDM 算法。NAFC 算法下网络的冗余度大于 RDSD 算法,而且 RDSD 算法在执行过程中节点一直处于动态调整位置中,因此,NAFC 算法消耗能量的速度要小于 RDSD 算法。因此 NAFC 算法相比于其他算法,其网络的寿命更长。

可以看出,基于模糊感知模型和模糊数据融合模型的部署算法(NAFC)能够有效减少水下传感器网络的传感器节点数量,提高感知节点感知效率,减少感知盲区,扩大检测范围,提高了网络感知节点的冗余度,提高了检测结果的可靠性,对目标节点的检测能力更好,网络寿命更长,验证了部署算法的有效性和优越性。

7.3　本章小结

本章针对水下传感器网络节点的三维部署,利用被动声呐概率感知模型和模糊感知模型以及基于模糊理论的数据融合模型,提出了基于模糊感知模型和模糊数据融合模型的部署算法(NAFC)。通过仿真实验对算法的有效性进行了验证。仿真结果表明,与 VFA、RDSD 算法相比,能够有效减少部署节点,减少节点能耗,延长网络寿命,扩大检测范围,提高网络的探测性能。

参 考 文 献

[1] 夏娜,王长生,郑榕,等. 鱼群启发的水下传感器节点布置. 自动化学报,2012,38(2): 295-302.

[2] 李世伟,王文敬,张聚伟,等. 基于潜艇深度的水下传感器网络部署. 传感器技术学报, 2012,25(11): 1613-1617.

[3] Ibrahim S,Liu J,Al-Bzoor M,et al. Towards efficient dynamic surface gateway deployment

for underwater network. Ad Hoc Networks,2013,11(8):2301-2312.

[4] 黄俊杰,孙力娟,王汝传,等．三维水下传感器网络覆盖优化算法．南京邮电大学学报,
　　2013,33(5): 69-74.

[5] 夏娜,郑语晨,杜华争,等．刚性驱动水下传感器节点自组织布置．计算机学报,2013,36
　　(3): 494-505.

[6] 洪锋,张玉亮,等．水下传感器网络时间同步技术综述．电子学报,2013,41(5):960-965.

第8章 基于有机小分子模型的水下传感器网络部署算法

在许多监测应用中,监测区内通常存在多种监测对象。例如,水环境监测中需监测水域温度、盐度、酸碱值等,工厂污染预警需监测多种化学扩散物[1]。由于目前采用的传感器节点硬件成本较高,多对象监测应用中,每个节点装配多种不同类型的传感器,即节点异构。当节点能量一定时,携带的传感器越多,节点寿命越短。在多对象监测网络覆盖部署中有两个重要问题需考虑,即如何以较小的网络成本投入获得理想的网络覆盖性能,以及如何根据不同子对象的重要性权衡网络中不同子对象的监测寿命[2]。

异构无线传感器网络的异构特性体现在节点异构性、链路异构性和网络协议异构性3方面[3-7]。其中节点异构性又包括感知能力、计算能力、通信能力和能量等方面的异构性,通信能力、感知能力和能量对覆盖的影响最大。现有文献中关于随机部署的异构无线传感器网络覆盖问题的研究较少。文献[1]提出了一种适用于感知半径异构的无线传感器网络覆盖优化算法,有效地提高了异构网络的覆盖率;文献[2]提出了基于整数向量规划的多目标多重覆盖算法,可以有效解决多目标对象的监测问题,但是两种算法所用的感知模型较为简单。文献[8]针对簇头节点异构的 WSN,提出了一种基于路由协议的进化算法,有效减少了簇头节点处理数据时结合和分离的错误,延长了网络的生存时间,但是没有给出非簇头节点的算法。文献[9]提出了高效动态聚类策略(EDCS)有效解决了多层次异构网络簇头节点选择问题,有效提高了网络的性能,延长了网络的生存时间,但是没有给出具体的节点部署算法。文献[10]提出通过增加异构节点来延长 WSN 的生存时间,但是没有考虑感知节点异构的问题。文献[11]提出了拓展虚拟力算法(EX-VFA)算法,解决了感知半径异构网络的节点部署问题,但是对连通性和数据融合问题考虑较少。

针对异构传感网络节点初始随机部署时产生覆盖盲区的问题,本章提出了一种基于有机小分子模型的异构传感器网络节点部署覆盖算法(node-deployment strategy of heterogeneous sensor networks based on organic small molecule model,NHOS)。以提高网络覆盖率和延长网络寿命为目标,依据有机小分子结构模型,建立起异构节点检测模型,结合 DSmT 数据融合和判决规则,建立了相应的数据融合模型,利用"虚拟势场"原理对随机部署的节点移动,以达到传感器节点对检测区域的最优部署。通过仿真实验验证了算法的有效性:该算法能够有效减少部署节点,提高网络的覆盖度和单个节点的检测效率,减少节点能耗,延长网络寿命,扩大检测范围,提高网络的检测性能。

8.1　数学模型与假设

假设监测区域 H 为矩形，N 种感知能力异构的无线传感器节点随机分布在矩形区域 H 内，假设无线传感器网络具有以下性质。

(1)传感器感知能力异构，即传感器具有不同的感知能力，其感知半径不同，传感器感知模型不同，其节点感知模型为概率感知模型，第 i 个传感器节点 C_i 的位置为 (x_i, y_i)，感知距离 r_i 和感知概率 P_i 满足函数 $P_i(r_i)$。典型的概率感知模型如下[10]：

$$P(S_i, Q) = \begin{cases} 0, & r + r_e \leqslant d_{ip} \\ \dfrac{E_{ir}}{E_i} e^{(-\lambda a^\beta + \alpha \delta)}, & r - r_e \leqslant d_{ip} \leqslant r + r_e \\ 1, & r - r_e \geqslant d_{ip} \end{cases} \tag{8-1}$$

其中，$P(S_i, Q)$ 为传感器节点 S_i 对目标节点 Q 的感知概率；d_{ip} 为传感器节点 S_i 与目标节点 Q 之间的欧氏距离；$r_e(r_e < r)$ 为传感器感知不确定性的量度；E_i 为传感器节点 S_i 的初始能量；E_{ir} 为剩余能量；$\alpha = d_{ip} - (r - r_e)$；$\lambda$ 和 β 是传感器节点监测 $r - r_e$ 与 $r + r_e$ 范围内事物的感知质量的衰减系数；δ 为符合正态分布的随机数，表示现实中各种干扰对感知概率的影响。

(2)所有传感器节点都有数据融合的能力，都能够完成与汇聚节点的水下通信，且有足够能量完成自我定位和自由移动至指定位置。

(3)部署算法执行之前，所有节点均已完成自我准确定位，节点位置坐标已知。

(4)节点在寿命期内有三种工作状态：休眠、检测、通信，且节点的能耗在通信状态下最大，在休眠状态下最小，节点在通信状态下的能耗与其通信距离成正相关的关系，即通信距离越大，能耗越大。

DSmT(Dezert-Smarandache theory)是由法国学者 Dezert 在 2002 年提出[14]的，后来由 Dezert 和 Smarandache 等学者等共同发展起来。DSmT 是经典证据理论的延伸，但又跟 D-S 理论基本上不同。DSmT 能够组合用信任函数表达的任何类型的独立的信源，但是主要集中在组合不确定、高冲突、不精确的证据源，尤其是当信源间的冲突变大或者元素是模糊的、相对不精确时，DSmT 能够超出 D-S 理论框架的局限解决复杂的静态或动态融合问题[12-15]。

依据上述假设以及 DSmT 相关理论，我们给出如下定义。

定义 8.1(p-信度覆盖)　假设监测区域 H 中存在一点 Q，传感器网络对目标节点点 Q 检测结果的可信度 $P(Q)$ 满足

$$P(Q) \geqslant p, \quad 0 < p \leqslant 1 \tag{8-2}$$

那么称传感器网络对点 Q 为 p-信度覆盖。若是监测区域中的任意一点都为 p-信度覆盖,那么称传感器网络对监测区域 H 为 p-信度覆盖。

定义 8.2(有效覆盖率)　若监测区域 H 为二维区域,其面积为 $S(H)$,区域中满足 p-信度覆盖的面积为 $S_p(H)$,那么 $S_p(H)$ 与 $S(H)$ 之比

$$\eta = \frac{S_p(H)}{S(H)} \times 100\% \tag{8-3}$$

为二维监测区域 H 的有效覆盖率。

如果监测区域 H 为三维区域,其体积是 $V(H)$,区域中满足 p-信度覆盖的体积为 $V_p(H)$,那么 $V_p(H)$ 和 $V(H)$ 之比

$$\eta = \frac{V_p(H)}{V(H)} \times 100\% \tag{8-4}$$

为三维监测区域 H 的有效覆盖率。

定义 8.3(有效检测率)　如果监测区域 H 中有 $N(H)$ 个目标节点,其中 $N_A(H)$ 个目标节点处于传感器网络的有效监测的状态下,那么

$$\varphi = \frac{N_A(H)}{N(H)} \times 100\% \tag{8-5}$$

为传感器网络对监测区域 H 的有效检测率。

定义 8.4(自由 DSm 模型)　设 U 为一识别框架,$U = \{\theta_1, \theta_2, \cdots, \theta_n\}$ 是由 n 个详尽的元素组成的集合(集合中的元素可以交叠),元素(或命题)没有其他假设条件且不考虑其他约束条件,称此时考虑的模型为自由 DSm 模型 $M^f(U)$。

给定一个一般的识别框架 U,定义一个基本概率赋值函数 $m: D^U \rightarrow [0, 1]$ 与给定的证据源有关,即

$$m(\emptyset) = 0, \quad \sum_{A \in D^U} m(A) = 1 \tag{8-6}$$

$m(A)$ 是 A 的广义基本概率赋值函数,其信任函数和似然函数分别如下:

$$\text{BEL}(A) = \sum_{\substack{B \subseteq A \\ B \in D^U}} m(B) \tag{8-7}$$

$$\text{PL}(A) = \sum_{\substack{B \cap A \neq \emptyset \\ B \in D^U}} m(B) \tag{8-8}$$

当自由 DSm 模型 $M^f(U)$ 起作用时,

$$\forall A \neq \emptyset \in D^U, \quad \text{PL}(A) = 1 \tag{8-9}$$

当式(8-6)中的 $n \geqslant 2$ 时,各个感知原子的数据所组成的信号源为独立信源,其混合自由 DSm 模型下的混合 DSm 组合规则如下:

$$\forall A \in D^U, m_{M(U)} \stackrel{\text{def}}{=} \emptyset(A)[S_1(A) + S_2(A) + S_3(A)] \tag{8-10}$$

$$S_1(A) \equiv m_{M^f(U)} \stackrel{\text{def}}{=} \sum_{\substack{X_1, X_2, \cdots, X_n \in D^U \\ X_1 \cap X_2 \cap \cdots \cap X_n A}} \prod_{i=1}^{n} m_i(X_i) \tag{8-11}$$

$$S_2(A) \stackrel{\text{def}}{=} \sum_{\substack{X_1, X_2, \cdots, X_n \in \emptyset \\ [u(X_1) \cup \cdots \cup u(X_k) = A] \vee [(u(X_1) \cup \cdots \cup u(X_n) \in \emptyset) \wedge (A = I_t)]}} \prod_{i=1}^{n} m_i(X_i) \qquad (8\text{-}12)$$

$$S_3(A) \stackrel{\text{def}}{=} \sum_{\substack{X_1, X_2, \cdots, X_n \in D^U \\ (X_1 \cup X_2 \cup \cdots \cup X_n) = A \\ X_1 \cap X_2 \cap \cdots \cap X_n \in \emptyset}} \prod_{i=1}^{n} m_i(X_i) \qquad (8\text{-}13)$$

8.2 感知单元模型

有机小分子是指分子量在 1000 以下的有机化合物,如甲烷(CH_4)、乙烷(C_2H_6)、乙醇(C_2H_5OH)、苯(C_6H_6)等。有机小分子中的主要原子为碳、氢、氧、氮等原子,他们按照一定的结构组合在一起(图 8-1),由此启发,我们将不同结构的感知节点按照一定的规则组合成感知单元,利用不同感知节点的互补能力以及合适的数据融合模型,可以有效扩大感知范围,提高单个节点的感知效率,提高传感器网络的有效覆盖率。

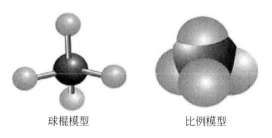

球棍模型   比例模型

图 8-1 甲烷的结构模型

定义 8.5(感知原子) 假设监测区域 H 中有 N 个传感器节点,其中有 M 个节点能够独自起到感知目标节点的作用,那么能够独自监测目标节点且能够将有效数据传输到簇头节点的感知节点称为感知原子。

定义 8.6(感知分子) 假设监测区域中部署了 n 种传感器感知节点,其中不同种类的传感器节点按照合适的有机小分子模型组合成感知单元,感知单元中不同类型的感知节点的感知数据按照合适的数据融合模型进行数据融合以达到对感知区域互补的效果,那么每个感知单元称为感知分子。感知分子为监测区域的最小感知单元和通信单元,感知分子的结构模型为感知单元模型。

假设感知分子中的感知原子有 n 个,每个感知原子的感知数据分别为 θ_1,$\theta_2, \cdots, \theta_n$,那么感知分子的融合的数据的信源为

$$U = \{\theta_1, \theta_2, \cdots, \theta_n\} \qquad (8\text{-}14)$$

8.3　基于有机小分子模型的传感器网络节点部署策略

结合以上所给的定义和感知单元模型以及数据融合模型,我们提出了基于小分子模型的传感器网络节点部署算法,算法步骤如下:

步骤 1　依据监测区域 H 的监测需求和覆盖需求构建合适感知单元模型,确定感知单元(感知分子)的感知范围以及感知单元中各个感知原子的位置,计算感知分子间的最佳距离 D_i,监测区域中的感知分子的数量以及各类感知节点的数量。

步骤 2　依据步骤 1 中各类感知节点的数量在监测区域 H 中随机部署相应数量的感知节点。

步骤 3　选择起始节点,通常是选择监测区域 H 的一个顶点位置上的感知节点作为起始节点,再选择距离起始节点最近的相应节点按照感知单元模型组成感知分子,并将其 ID 置为 1。

步骤 4　选择距离感知分子 1 最近的感知节点,按照步骤 3 组成第二个感知分子,将其 ID 置为 2,依据"分子力"原理,分子之间的合力与分子之间距离相关,假设两感知分子之间的距离为 D',分子最佳间距为 D_i,t 为阈值。

当感知分子距离 D' 满足

$$D' < D_i - t \tag{8-15}$$

时,分子间的合力为斥力,节点 2 移远一个单位;

当感知分子距离 D' 满足

$$D' > D_i + t \tag{8-16}$$

时,分子间的合力为引力,节点 2 移近一个单位;

如此循环直至感知分子距离 D' 满足

$$D_i - t \leqslant D' \leqslant D_i + t \tag{8-17}$$

节点 2 移动完毕。

步骤 5　利用贪婪算法,选择距离调整节点 n 最近的感知节点,重复步骤 3,组成新的感知分子,将其 ID 置为 $n+1$,重复步骤 4,调整其位置,如此循环,直到所有的感知节点全部调整完毕,监测区域 H 网络节点部署完毕。

步骤 6　各个感知分子完成初始化,确定数据融合任务分配和数据融合节点轮换顺序,感知分子中的传感器感知节点轮流充当数据融合节点和通信节点。

步骤 7　数据融合节点每隔一定时间收集检测单元中其他传感器感知节点检测信息并进行数据融合。

步骤 8　数据融合节点完成数据融合后将信息发给汇聚节点,然后根据数据融合节点轮换顺序指定下一个数据融合节点并广播给其他节点。

步骤 9　传感器感知节点收到数据融合节点融合的命令后,重复步骤 7 和步骤 8。

8.4　仿真分析

8.4.1　仿真设置

本书采用 MATLAB 作为仿真工具。假设监测区域 H 为正方形,边长为 $a=3000$m,要求监测区域中实现 p-信度覆盖,其中 $p=0.85$,且不考虑目标分布和其他环境因素的影响。假设监测区域中部署的感知节点为水下传感器网络中常用的两种:被动声呐和巨磁阻传感器。被动声呐在满足概率覆盖的前提下的有效感知半径为 $R_{\text{effic}}=50$m。根据巨磁阻传感器的工作原理以及目标节点的磁特性,可知其概率感知范围为不规则的几何形状,可以近似为椭圆形,假设在满足概率覆盖的条件下,椭圆的长半径为 $R_a=60$m,短半径为 $R_b=30$m。两种感知节点的部署比例为 1:3。

根据水下传感器网络和被动声呐节点的特点以及相关定义,分别仿真随机部署算法和基于"虚拟力"部署算法下监测区域的覆盖性能与采用基于有机小分子模型的部署算法后监测区域的覆盖性能以及对区域中目标节点检测结果的有效检测率的变化。若是网络覆盖率越高,对目标节点的有效检测率越大,则说明网络的监测性能越好。

8.4.2　仿真结果与分析

根据前面的参数,本节分别利用本书中的算法(NHOS)、基于"虚拟力"原理的部署算法(VFA)以及随机部署算法(RDM),对监测区域 H 的有效覆盖率与节点数量的关系、相同数量的感知节点覆盖下网络的有效检测率与目标节点数量的关系,以及网络总能量随着时间变化的关系作出仿真。结果分别如图 8-2～图 8-4 所示。

图 8-2 是在 RDM、VFA 和 NHOS 算法下,在同一检测区域随着传感器感知节点数量的增加,不同算法下传感器网络的有效覆盖率(p-概率覆盖)的变化的对比图。可以看出,相较于 RDM 算法和 VFA 算法,NHOS 算法有着更大的有效覆盖率,单个节点的感知效率更高,这是由于节点进行了二次部署,VFA 算法和 NAFC 算法相比 RDM 算法减少了传感器感知节点的重叠感知范围,而由于 NHOS 算法相比 VFA 算法采用了 DSmT 数据融合算法,减少了感知盲区,因此,NHOS 算法下传感器网络的有效覆盖率高于 VFA 和 RDM 算法。

图 8-3 是在 RDM、VFA 和 NHOS 算法下,在同一检测区域中部署相同数量

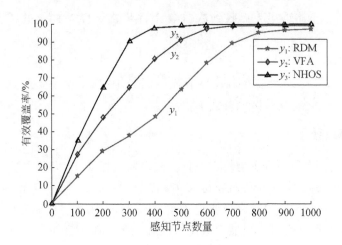

图 8-2　有效覆盖率与感知节点数量的关系

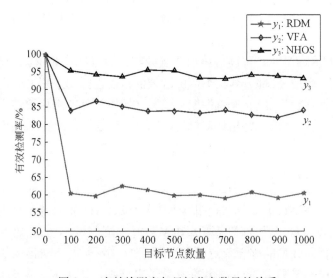

图 8-3　有效检测率与目标节点数量的关系

的传感器感知节点(500组),分别对不同数量的目标节点的有效检测率的对比图。由图可以看出,NHOS算法下,传感器网络对目标节点的有效检测率要高于RDM算法和VFA算法,这是因为NHOS部署下采用了DSmT数据融合算法对不同传感器的感知结果进行了有效融合,有效提高额对目标节点的探测概率,提高有效覆盖率。相对于RDM算法,VFA算法由于减少了传感器节点间相互重叠的感知范围,所以VFA算法对目标节点的探测性能高于RDM算法。

图8-4是在RDM、VFA和NHOS算法下,在同一检测区域同样数量(500组)的感知节点在达到相同覆盖性能下,传感器网络的剩余能量的对比图。由于VFA

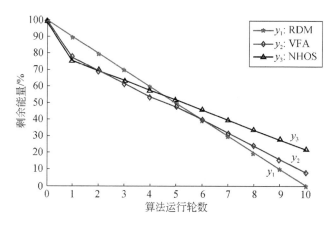

图 8-4　网络剩余能量与时间的关系

算法和 NHOS 算法在最初阶段感知节点的移动,且 NHOS 算法下移动步数大于 VFA 算法,所以两者能量消耗较大,且 NHOS 算法的能量消耗大于 VFA 算法。但是,由于两者都采用了冗余节点进行休眠的机制,在完成部署后,VFA 算法和 NHOS 算法单位时间内消耗的能量小于 RDM 算法,由于 NHOS 算法下网络的冗余度大于 VFA 算法,因此,NHOS 算法消耗能量的速度要小于 VFA 算法。因此 NHOS 算法相比于其他算法,网络的寿命更长。

　　可以看出,基于有机小分子模型的异构传感器网络节点部署算法(NHOS)能够有效减少异构传感器网络的传感器节点数量,提高感知节点感知效率,减少感知盲区,扩大检测范围,提高了网络感知节点的冗余度,提高了检测结果的可靠性,对目标节点的检测能力更好,网络寿命更长,验证了部署算法的有效性。

8.5　本 章 小 结

　　本章针对异构传感器网络节点部署,基于异构节点不同的概率感知模型,借鉴环有机小分子组成的结构模型,提出了异构传感器网络节点"类分子"感知模型以及对于不同异构节点的模型的建立方法,基于上述模型以及 DSmT 数据融合模型,研究了采用新的模型和数据融合后网络覆盖度的变化,依据研究结果,提出了基于有机小分子模型的异构传感器网络节点部署策略(NHOS)。利用 MATLAB 建立了传感器网络仿真模型,通过仿真实验验证了算法的有效性:该算法能够有效减少部署节点,提高网络的覆盖度和单个节点的检测效率,减少节点能耗,延长网络寿命,扩大检测范围,提高网络的检测性能。

　　由于本章假设比较理想,将实际工作中的部分因素忽略,下一步拟在此基础上进行改进,对本章所使用的模型进行优化研究,并尝试采用其他的融合策略来优化异构传感器网络节点部署算法使之更加高效。

参 考 文 献

[1] Du X Y, Sun L J, Guo J, et al. Coverage optimization algorithm for heterogeneous WSNs. Dianzi Yu Xinxi Xuebao/journal of Electronics & Information Technology, 2014, 36(3):696-702.

[2] Luo X, Chai L, Yang J. Multi-objective strategy of multiple coverage in heterogeneous sensor networks. Dianzi Yu Xinxi Xuebao/journal of Electronics & Information Technology, 2014, 36(3):690-695.

[3] Huang S, Cheng L. A Low Redundancy Coverage-Enhancing Algorithm for Directional Sensor Network Based on Fictitious Force. Chinese Journal of Sensors & Actuators, 2011, 24(3): 418-422.

[4] Hong Z, Li Y U, Zhang G J. Efficient and Dynamic Clustering Scheme for Heterogeneous Multi-level Wireless Sensor Networks. Zidonghua Xuebao/acta Automatica Sinica, 2013, 39(4):454-460.

[5] Li M. Study on Coverage Algorithms for Heterogeneous Wireless Sensor Networks [Ph. D. Thesis]. Chongqing: Chongqing University, 2011.

[6] Kumar D, Aseri T C, Patel R B. EEHC: Energy Efficient Heterogeneous Clustered scheme for wireless sensor networks. Computer Communications, 2009, 32(4):662-667.

[7] Sengupta S, Das S, Nasir M D, et al. Multi-objective node deployment in WSNs: In search of an optimal trade-off among coverage, lifetime, energy consumption, and connectivity. Engineering Applications of Artificial Intelligence, 2013, 26(1):405-416.

[8] Attea B A, Khalil E A. A new evolutionary based routing protocol for clustered heterogeneous wireless sensor networks. Applied Soft Computing, 2012, 12(7):1950-1957.

[9] Hong Z, Li Y U, Zhang G J. Efficient and Dynamic Clustering Scheme for Heterogeneous Multi-level Wireless Sensor Networks. Zidonghua Xuebao/acta Automatica Sinica, 2013, 39(4):454-460.

[10] Halder S, Bit S D. Enhancement of wireless sensor network lifetime by deploying heterogeneous nodes. Journal of Network & Computer Applications, 2014, 38(1):106-124.

[11] Chen J, Du Q W, Li X Y, et al. Research on the deployment algorithm of heterogeneous sensor networks based on probability model. Journal of Chinese Computer Systems, 2012, 33(1):50-53.

[12] Cardei M, Thai M T, Li Y, et al. Energy-efficient target coverage in wireless sensor networks. INFOCOM 2005. Joint Conference of the IEEE Computer and Communications Societies Proceedings IEEE, IEEE, 2005:1976-1984.

[13] Kashi S S, Sharifi M. Coverage rate calculation in wireless sensor networks. Computing, 2012, 94(11): 833-856.

[14] Dezert J. Foundations of a new theory of plausible and paradoxical reasoning. Information & Security Journal, 2002, 13(9):90-95.

[15] Dezert J, Tchamova A, Smarandache F, et al. Target Type Tracking with PCR5 and Dempster's rules: A Comparative Analysis. International Conference on Information Fusion, IEEE, 2006:1-8.

[16] Smarandache F, Dezert J. Applications and advances of dsmt for information fusion. Instrument Standardization & Metrology, 2004, 368(2): 417.

[17] Smarandache F, Dezert J. Information fusion based on new proportional conflict redistribution rules. International Conference on Information Fusion, IEEE, 2005:8.

[18] Smarandache F, Dezert J. Applications and advances of DSmT for information fusion. Rehoboth: American Research Press, 2006.

第二篇

基于信息融合的有向传感器网络部署

第9章 有向传感器网络覆盖部署

9.1 有向传感器网络

9.1.1 有向传感器网络简介

人们在对日常中的事物进行观察的时候,发现很多事物实际是具有方向性的。太阳的升起方向、地球自转的方向、日月星辰一年四季的变化,都具有方向性;电视机天线对周围空间的信号有不同的接收能力和发射信号的能力。超声波传感器、被动声呐节点等有向传感器等相关应用促进了有向传感器网络的发展,因此对有向传感器网络的研究是必要的。

按照传感器的感知方式可以将众多类型的传感器节点分为全向传感器节点和有向传感器节点。目前研究最多、技术最成熟的是全向传感器网络。有向传感器网络节点如无线多媒体、超声波、红外线等构成的异构网络能够收集监测区域更为详细、接近实际的数据,方便对监测区域内目标的研究。目前对有向传感器网络的研究还处于初期阶段,学术理论研究和有向应用技术发展之间还有不小的差距。

9.1.2 节点感知模型

无线传感器网络节点在无线传感器网络中的具体位置以及它所具有的感知模型决定了该网络的覆盖方式。无线传感器节点的感知模型决定了无线传感器节点在该待监测区域内的具体位置与目标的几何关系,对无线传感器网络的感知效果具有较大影响。无线传感器网络节点的感知模型主要分为全向布尔感知模型、全向传感器概率感知模型、全向传感器三维感知模型、有向传感器二维扇形感知模型和有向传感器三维感知模型等。

1) 全向布尔感知模型[1]

布尔感知模型,也称为确定型 0-1 感知模型。在该感知模型下,待监测区域中的目标被无线传感器节点感知范围覆盖到用 1 表示,表示目标被感知;没有被无线传感器节点覆盖到用 0 表示,表示目标未被感知。如图 9-1 所示,在二维平面上,无线传感器节点的感知范围是以无线传感器网络节点 S_i 所在的待监测区域中的位置 (x_{s_i}, y_{s_i}) 为圆心,以感知半径 R_s 为半径的圆形区域。p_1、p_2 是平面内任意两点,则 p_1 处的目标事件能被节点 S_i 感知到,用 1 表示;p_2 处的目标事件不能被节

点 S_i 感知到,用 0 表示。

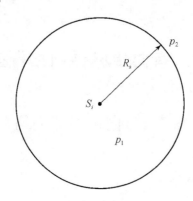

图 9-1　二维布尔感知模型图

在二维条件下,假设全向传感器网络中第 i 个节点 S_i 的坐标位置为 (x_{s_i}, y_{s_i}),任意目标 p 其位置坐标为 (x_p, y_p),则目标 p 处发生事件被节点 S_i 监测到概率为

$$P(s_i, p) = \begin{cases} 1, & d(s_i, p) < R_s \\ 0, & 其他 \end{cases} \tag{9-1}$$

其中,$P(s_i, p)$ 表示节点 S_i 对目标 p 感知概率;$d(s_i, p)$ 表示无线传感器节点 S_i 到任意一目标 p 的欧氏距离,且 $d(s_i, p) = \sqrt{(x_p - x_{s_i})^2 + (y_p - y_{s_i})^2}$。

2) 全向传感器概率感知模型[2]

传感器网络应用于实际环境中,传感器节点的监测能力受到噪声、湿度、光强等很多因素影响是不确定的,因而就需要一种概率感知模型来体现这种感知能力的不确定性。

节点对目标感知概率的大小与目标和节点之间的距离有很大的关系,相距越远,节点对目标的感知概率就越小。用 $P(s_i, p)$ 表示点 p 被传感器网络内第 i 个节点 S_i 的感知概率,则

$$P(s_i, p) = \begin{cases} 1, & d(s_i, p) < R_s \\ \dfrac{\alpha}{d(s_i, p)^\beta}, & d(s_i, p) < R_s + d \\ 0, & 其他 \end{cases} \tag{9-2}$$

或

$$P(s_i, p) = \begin{cases} \dfrac{\alpha}{d(s_i, p)^\beta}, & d(s_i, p) < R_{far} \\ 0, & 其他 \end{cases} \tag{9-3}$$

在式(9-2)和式(9-3)中,$d(s_i, p)$ 表示无线传感器节点 S_i 到目标 p 的欧氏距离;R_s 为无线传感器网络内传感器节点的感知半径,异构传感器网络节点感知半径会有所不同;d 表示节点可概率感知的范围大小,在式(9-2)中,节点 S_i 半径可表

示为 $R_i = R_s + d$；R_{far} 表示节点最远感知距离；α、β 为传感器节点系统参数，与传感器感知功率和信号衰减程度有关。

如图 9-2 所示，若为式(9-2)表示的模型，则图中节点 S_i 对目标 p_1 的感知概率为 1，对目标 p_2 的感知概率为由式(9-2)计算所得，对 p_3 的被感知概率为 0。若为式(9-3)表示的模型，则节点 S_i 对目标 p_1 和 p_2 需用公式计算得到，对 p_3 的被感知概率为 0。对于由式(9-2)、式(9-3)决定的传感器网络，假设传感器网络对目标的最小可感知阈值为 P_{th}，若节点 S_i 对点 p 处的感知概率大于 P_{th}，则网络可以覆盖点 p，网络内的节点 S_i 可以采集目标点 p 处事件信息。

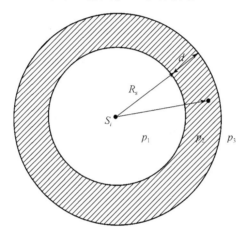

图 9-2 二维概率感知模型图

3) 全向传感器三维感知模型[3]

如图 9-3 所示，假设三维空间中有节点 S，其位置为 (x_i, y_i, z_i)，其感知半径 R_s，则传感器节点的监控空间与感知体积有关，可感知空间的体积为

$$V_s = \frac{4}{3}\pi R_s^3 \tag{9-4}$$

若点 $p(x, y, z)$ 为空间中任意一点，$d(s, p)$ 表示节点 s 到点 p 的欧氏距离，其中 $d(s, p) = \sqrt{(x-x_i)^2 + (y-y_i)^2 + (z-z_i)^2}$，采用确定二元感知模型，则点 p 被传感器节点 s 在三维空间感知到概率为

$$P(s_i, p) = \begin{cases} 1, & d(s_i, p) < R_s \\ 0, & \text{其他} \end{cases} \tag{9-5}$$

与二维环境下对全向传感器概率感知模型的研究类似，也有对全向传感器三维概率感知模型的研究，在这里不再赘述。

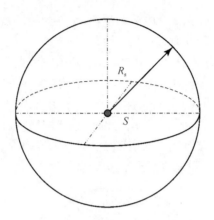

图 9-3　全向传感器三维感知模型图

4）有向传感器二维扇形感知模型[4]

感知模型是根据实际现象进行建模的，有向传感器的感知模型多为扇形，这也是有其依据和现实意义的。视频传感器、高速道路上监控摄像头、测速仪等多媒体传感器，用户从监控端屏幕中看到的当前图像呈现出扇形状，虽然通过传感器节点旋转可以看到节点周围全貌，但是在这种情况下若把感知模型设计成椭圆或者圆形，和实际情况是有差距的。目前对有向传感器网络的研究主要是在有向扇形感知模型下开展的，除了该模型还有学者对三角形模型、不规则多边形模型[5,6]展开研究的。

图 9-4 为二维平面内有向传感器扇形感知模型，该模型下有向传感器节点采用四元组 $\langle S, R_s, \vec{V}(t), \theta_f \rangle$ 来表示节点信息。其中 S 表示坐标 (x_s, y_s)；R_s 表示节点 S 的感知半径；$\vec{V}(t) = (V_x(t), V_y(t))$ 为节点在时刻 t 的感知方向；θ_d（$0° \leqslant \theta_d \leqslant 360°$）表示在 t 时刻节点感知方向与水平方向的夹角；$2\theta_f$ 表示节点的有效感知角度，也称为有向传感器的视域 fov。

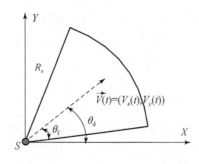

图 9-4　有向传感器扇形感知模型

若目标点 p 是监测区域内任意一点,其位置坐标为 (x_p, y_p),当且仅当满足以下两个条件时,我们称目标点 p 被有向传感器节点 S 覆盖:

(a) $d(s,p) \leqslant R_s$,其中 $d(s,p)$ 代表目标点 p 到有向传感器节 S 的欧氏距离,$d(s,p) = \sqrt{(x_p - x_s)^2 + (y_p - y_s)^2}$;

(b) 目标点 p 和有向传感器节点 S 的连线与水平方向的夹角 θ_{psx} 的大小落在 $[\theta_d - \theta_f, \theta_d + \theta_f]$ 区间。

用 $P(S,p)$ 表示有向传感器节点 S 对点 p 感知发现概率,则

$$P(S,p) = \begin{cases} 1, & d(S,p) < R_s \text{ 且 } \theta_d - \theta_f < \theta_{psx} < \theta_d + \theta_f \\ 0, & \text{其他} \end{cases} \tag{9-6}$$

5) 有向传感器三维感知模型[4]

图 9-5 显示的是三维有向感知模型,在该模型中为了表示节点信息,需要采用五元组 $\langle S, R_s, \vec{V}, \alpha, \beta \rangle$。$S(x_i, y_i, z_i)$ 表示节点空间位置;R_s 是感知半径;$\vec{V}$ 表示节点在空间内的感知方向;α 和 β 表示感知夹角。

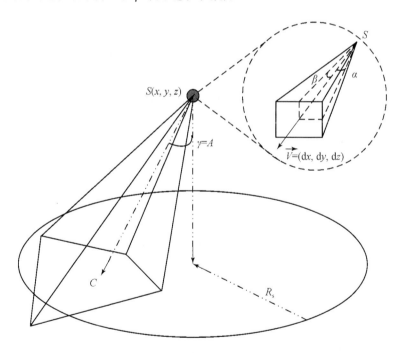

图 9-5　有向传感器三维感知模型

9.1.3　节点通信模型

为了满足节点转发信息的可靠性,传感器网络中的每个节点必须能与多个节

点进行通信。当网络中的任意一个节点,至少有 K 个节点与之能保持通信时保证网络畅通,则称该传感器网络为 K 重连通。在现有的传感器研究中,一般假定传感器的通信距离是传感器感知半径的 2 倍,或者 2 倍以上,即 $R_c \geqslant 2R_s$(R_s 是感知半径,R_c 是通信距离)。如果节点间欧氏距离小于或者等于 R_c,那么就认为它们能够可靠通信。文献[7]指出,当传感器的通信距离 R_c 大于或者等于 $2R_s$ 时,若当前传感器网络内处于工作状态的节点可以对监测区域达到全覆盖,则该网络内的节点也一定是可连通的[8]。

定义式(9-7)为传感器网络连通度公式:

$$c = \frac{\sum_{i=1}^{n}\sum_{j=1}^{n} y_{ij}}{n^2} \tag{9-7}$$

其中,n 为网络中节点的总数;i、j 分表表示节点 s_i 和 s_j 的编号。若 s_i、s_j 节点可以通信,则 $y_{ij}=1$,且 s_i、s_j 互为邻居节点;否则 $y_{ij}=0$,且定义 s_i、s_j 不是彼此的邻居节点。

根据有向传感器特殊的感知方式和感知视角,文献[9]考虑到视频传感器网络应用的需求,根据传感器对目标朝向有无需求,将传感器的模型分为与目标面部朝向无关的感知模型和与目标面部朝向有关的感知模型。与目标面部朝向无关感知模型下的有向传感器网络只须考虑节点感知方向的方向性,只要节点感知到目标点处的事件,无论目标是否直接面对传感器节点,该目标就被网络判定为是可感知的。文献[10]针对视频传感器在不同的位置所采集到的目标信息是不同的这一特点,提出了目标的面部朝向的问题,对有向传感器网络的覆盖研究增加了有效感应角度 ϕ 参数,只有感知视角感应到目标位于视频传感器的扇形感应区域内,并且它的面朝方向向量与由它指向摄像头的向量所构成的夹角 θ 小于 ϕ,这个目标才能被感知到。这一类节点在部署时候因为需要图像识别技术的支持,才能达到更好的效果,因此对传感器设计和部署的要求也较高。

考虑到感知方向分为全向感知和有向感知这样的情况,对于传感器网络中节点通信而言,节点发送和接收信号可以是全向的也可以是有向的。因此,按照节点传递-接收信息的方式,通信模型可分为发送信息全向接收信息全向、发送信息全向接收信息有向、发送信息有向接收信息全向、发送信息有向接收信息有向四种[9]。大多数文献采用发送和接收均为全向的通信模型[11-13]。文献[12]研究的是随机部署下的水下传感器网络当水下传感器节点通信半径 R_c 不大于 $2R_s$ 时网络无法连通时候的部署算法。算法中首先每个工作节点判断通信半径内的工作节点个数,根据需要唤醒周围节点,再结合节点 s_i 和邻居节点 s_j 的距离剩余,以及节点 s_j 的能量,决定是否唤醒节点 s_j。文献[13]定义了监测区域内任意一点的重叠冗余度,节点经过对邻居节点信息的获取,计算出以自己为全连通群群首时候的节点成员集合,选择全连通集群中节点最多的群首开始工作,然后网络内节点根据节点剩余能量和激活后自身对网络覆盖的贡献度来决定睡眠还是工作,不仅保证了网络的覆盖性能,还保证了网络内工作节点的有效通信,并且休眠调度算法的使用也延长了网络的生存期。

目前有向传感器网络的研究针对大部分全向的通信模型[14-17],即有向传感器感知模型和圆形通信模型相结合。有向传感器和有向通信相结合的研究是未来的一个重要研究方向。

9.2　有向传感器网络的典型运行机制

9.2.1　休眠唤醒调度机制

无线传感器网络中大量部署无线传感器节点会造成待监测区域中无线传感器节点的密度过大,如果所有的无线传感器节点都同时运行,会给整个无线传感器网络造成巨大且不必要的能量消耗,在数据信息采集的过程中出现冗余数据信息,在转发数据信息的过程中无线信道冲突增加,因此可以通过对无线传感器节点采用轮换工作的方式进行休眠与唤醒[18],当无线传感器节点处于休眠状态时,能量的消耗将会大为减少,可以延长整个无线传感器网络的使用时间。一些休眠控制算法在考虑无线传感器网络覆盖的同时,对无线传感器网络的覆盖效果与连通度之间的关系进行了研究[7,12,13,19]。传感器网络节点因休眠状态或故障状态会使得原本属于节点监测范围区域的无法被完全覆盖,连通覆盖主要研究在保证连通性的前提下,无线传感器网络如何以最少的工作节点来达到对所有监控区域内目标覆盖的要求。有向传感器网络的连通性决定了网络所能提供的服务质量,在满足对监测区域覆盖率要求的同时保证通信畅通,网络才能较好地完成信息转发任务[20]。

钟永信等[21]针对陆上无线传感器网络周期性的唤醒节点、节点睡眠机制在水声网络环境无法直接应用的问题,结合水声信道的特点,提出了一种节能路由协议,该协议在较小的唤醒率条件下唤醒休眠节点,最终减少了节点的空闲侦听,提高了网络的能量利用效率。

王换招等[22]就实际条件下传感器节点感知半径会有所不同的情况,建立节点冗余度计算公式和保证网络每轮工作所需的最少节点数目 K 计算公式,根据工作节点邻居集合判断单个节点是否可以休眠,提出了一种高效节能的覆盖协议,网络在每轮工作初始直接唤醒 K 个节点,不仅降低了工作节点密度,也较好地解决了节点同时睡眠会造成覆盖空洞的问题,仿真表明该协议具有比较好的扩展性,采用轮换工作节点的机制有效地延长了网络的生存期,达到了节约能量的目的,而且还能在每轮工作中以较少的工作节点达到网络覆盖要求质量。

9.2.2 节点运动方式

节点的可移动性在传感器网络运行过程中起着重要的作用,对于处理网络覆盖连通问题和突发情况是一种有效的方法。我们将有向传感器节点的移动分成节点不动、感知方向转动和位置与感知方向都同时调整两种,在文献[23]分别将这两种情况称为运动和移动。

调整有向传感节点的感知方向可以减少节点间重叠覆盖面积。有向传感节点绕节点位置调整其感知方向,经过多次旋转,最终绕节点旋转一周的时候,有向节点可以对其感知半径范围内的圆形区域的目标进行覆盖。按照固定步长,一般假设有向传感器每个单位时间或者每次旋转都按照固定步长 $2\theta_f$ 旋转,经过 t 时间后,有向传感器旋转一周,即 $2\theta_f \cdot t = 2\pi$。传感器在旋转一周的过程中,每次旋转之后都无重叠区域。按照随机步长旋转,则节点每次根据设定,按照算法计算的结果进行旋转调整,该旋转运动每次可能会移动 $\Delta\theta$,其中:

$$\Delta\theta = \sigma \cdot \theta_f, \quad 0 \leqslant \sigma \leqslant \frac{2\pi}{2\theta_f} \tag{9-8}$$

研究表明,前者节点在经过多个时间单位之后,单个节点的覆盖率下降,原本是被覆盖的目标可能在节点移动之后不被任何一个节点覆盖;后者因为其转角不确定性,加上节点的能量有限,若其中某次的旋转 $\Delta\theta$ 较大,可能会直接导致节点能量耗尽,最终反而降低了监测区域的整体覆盖率。相较于单次传输数据,因传感器节点所处位置不佳使得传感器做出旋转或者移动是非常消耗能量的。实验数据表明节点移动 1m 消耗的能量是传输 1KB 消息所消耗能量的 30 倍[23]。

9.2.3 虚拟力原理

在无线传感器网络中,每个无线传感器节点感知的范围都是有限的,为了确保整个监测区域都在无线传感器网络的感知范围之内,需要设计合适的算法以便部署节点。针对有向传感器节点,利用等效内切圆[14,24]和圆周覆盖[25]等节点密度控制算法计算出冗余节点并使其进入休眠状态,延长了节点生存期,从而延长了有向传感器网络的工作寿命,提高了覆盖质量。

类似的优化算法还有基于 Voronoi 图的特点,利用泰森多边形性质优化无线传感器网络的部署[24,26-28],文献[26]、[27]应用于全向传感器网络,文献[24]、[28]应用于有向传感器网络,另外还有遗传算法[29-31]、微粒群算法[32]、蚁群算法[33]等。

虚拟力算法[34]较好地解决了传感器节点的移动问题。虚拟力起初应用于机器人规避障碍等领域的研究。在有向传感器节点的旋转移动中,每个传感器节点的扇形覆盖区域都被等效成一个整体。假设感知区域等效质心点所在位置存在一个虚拟电荷,该质心点受力使传感器节点绕其所在位置旋转移动,即只调整感知方向,而不调整节点的位置。网络内所有节点的质心点在受到目标及其邻居节点质心点、目标和障碍物的虚拟力的作用下,以节点为轴心进行旋转移动。

1) 有向传感器节点与节点之间的虚拟力

若网络内有向传感器节点集合表示为 $S=\{s_1,s_2,\cdots,s_i,\cdots,s_n\}(1\leqslant i\leqslant n)$,网络内任意两点 s_i、s_j,且 $i\neq j,1\leqslant i,j\leqslant n$,若 s_i、s_j 欧氏距离小于感知半径 R,则有向传感器节点 s_j 受到节点 s_i 的虚拟力表现为斥力:

$$F(s_i,s_j)=\frac{k_a m_i m_j}{d\ (s_i,s_j)^a},\quad 0<d(s_i,s_j)<R \tag{9-9}$$

若 s_i、s_j 欧氏距离大于感知半径 R,则有向传感器节点 s_j 受到节点 s_i 的虚拟力表现为引力:

$$F(s_i,s_j)=\frac{k_\beta m_i m_j}{d\ (s_i,s_j)^\beta},\quad d(s_i,s_j)\geqslant R \tag{9-10}$$

其中,k_a、a 为斥力增益系数;k_β、β 为引力增益系数;m_i 和 m_j 分别是有向传感器节点 s_i、s_j 的质量;$d(s_i,s_j)$ 为两个有向传感器传感器节点 s_i 和 s_j 之间的欧氏距离。

2) 有向传感器节点与目标点之间的虚拟力

用集合 $T=\{T_1,T_2,\cdots,T_i,\cdots,T_m\}(1\leqslant i\leqslant m)$ 表示监测区域内所有目标点,用 $F(s_i,T_i)$ 表示目标点 T_i 对有向传感节点 s_i 的引力作用:

$$F(s_i,T_i)=\frac{-k_T}{d\ (s_i,T_i)^\tau} \tag{9-11}$$

其中,k_T、τ 为增益系数;$d(s_i,T_i)$ 为目标点 T_i 和有向传感节点 s_i 的欧氏距离。

3) 有向传感器节点与障碍物之间的虚拟力

有向传感器网络节点在受到周围障碍物[34]的影响时,假设节点周围的障碍物对有向传感器节点有虚拟斥力作用,在该作用力的条件下,节点向着远离障碍物的方向移动以优化网络覆盖。将障碍物或者障碍物所遮蔽到的传感器感知区域等效为虚拟质点 B_i,则监测区域内障碍物构成的集合可表示为 $B=\{B_1,B_2,\cdots,B_i,\cdots,B_o\}(1\leqslant i\leqslant o)$。障碍物 B_j 对有向传感器节点 s_i 虚拟力表现为斥力:

$$F(s_i,B_j)=\begin{cases}\dfrac{k_B m_i m_j}{d\ (s_i,B_j)^\theta}, & 0<d(s_i,B_j)<R\\[2mm]0, & d(s_i,B_j)\geqslant R\end{cases} \tag{9-12}$$

其中,k_B、θ 为该斥力的增益系数,与障碍物半径、质量和节点功率有关;m_i、m_j 分辨是有向传感器节点 s_i 和障碍物 B_j 的质量;R 表示有向传感器节点 s_i 感知半径。

虚拟力算法使得整个网络中节点覆盖区域的重叠区和盲区减少,减小了遮蔽物对节点覆盖区域的影响,网络节点分布更加均匀,可获得理想的覆盖效果,提高网络覆盖率。

9.3　有向传感器覆盖部署

文献[38]中提出了有向传感器网络的概念,对有向传感器网络的部署策略问题做出了初步的研究。文献[14]为了方便研究有向传感器部署算法,将有向传感器扇形感知模型用等效内切圆表示有向传感器节点,然后再用圆周覆盖的算法,检查有向传感器等效内切圆是否被圆周覆盖,计算出网络内的冗余节点,控制该节点休眠,减低网络能耗、延长网络存活时间。

黄帅等在文献[16]中就由向传感器网络覆盖率与网络连通性[39]之间关系,提出了面向目标的有向传感器点覆盖策略,从目标点的部署圆出发考虑有向传感器节点覆盖问题,结合整体线性规划模型,找出以最少节点覆盖最多目标的连通性网络。不仅保证了目标被感知到,还保证了网络连通性,该算法也适用于全向传感器的点覆盖研究。

陶丹等[20]对有向传感器网络的连通性和覆盖质量之间的关系也做出了研究,在文献[4]、[40]中对视频、多媒体等有向网络的覆盖控制算法进行了总结。由于泰森多边形的特点和性质,它被广泛用于覆盖优化算法中。Li[15]、Sung[28]和彭玉旭、张贤风等[41]将 Voronoi 图用于改进有向传感器的区域覆盖问题。Sung 设计了一种分布式贪心算法,在没有网络全局信息的条件下,将有向传感器节点分隔在一个个的泰森多边形中,综合考虑每个节点所在的凸边形对覆盖率的贡献度和邻居节点在感知方向上的重复覆盖率,最终使节点的工作方向可以控制在最有利于扩大覆盖效果的方向上。

K 重覆盖可以提供数据冗余备份,纠正传输数据丢包用户收不到信息的问题,保证网络的可靠性。文献[42]、[44]就传感器网络 K 重覆盖做出了研究。衣晓[43]提出了有向传感器节点工作分段数 $N(N=2\pi/2\theta_f)$ 的概念,并求出它与全向 K 重覆盖网络的关系,将有向传感器的覆盖问题成功转化为对全向 K 重覆盖网络的研究。蒋鹏[44]就三维全向传感器 K 重覆盖的控制方法进行了实验研究,比传统 K 重覆盖在覆盖效果上有很大提高。

目前,有向传感器感知模型单一,且研究多是针对二维条件下的确定性感知,对有向概率感知的研究较少,这是未来有向传感器网络覆盖研究的一个热点。

9.4 本 章 小 结

本章首先详细介绍了有向传感器网络的基本知识,着重介绍了有向传感器网络的节点感知模型、通信模型,进而介绍了近些年来有向传感器研究的典型运行机制,如节点睡眠唤醒控制机制、节点运动和虚拟力原理等,然后介绍了有向传感器领域的研究进展。

参 考 文 献

[1] 李海坡,杜庆伟. 一种能量有效的无线传感器网络覆盖控制算法. 小型微型计算机系统,

2011,2(2)：233-236.

[2] 衣晓,薛兴亮,高玉章. 基于概率感知模型的边界区域分布式多重覆盖算法研究. 传感技术学报,2013,26(11)：1579-1583.

[3] 张宝利,于峰崎,张足生. 一种能量有效的三维传感器网络覆盖控制算法. 传感技术学报, 2009,22(2)：258-263.

[4] 陶丹,马华东. 有向传感器网络覆盖控制算法. 软件学报,2011,22(10)：2317-2334.

[5] Wu C H,Chung Y C. A tiling-based approach for directional sensor network deployment. Sensors,IEEE,2010：1358-1363.

[6] Fusco G,Gupta H. Placement and orientation of rotating directional sensors. IEEE Communications Society Conference on Sensor,Mesh and Ad Hoc Communications and Networks,IEEE,2010：1-9.

[7] Zhang H H,Hou J C. Maintaining sensing coverage and connectivity in large sensor networks. Ad Hoc & Sensor Wireless Networks,2004,1(2)：89-124.

[8] Zhang C,Bai X,Teng J,et al. Constructing low-connectivity and full-coverage three dimensional sensor networks. IEEE Journal on Selected Areas in Communications,2010,28 (7)：984-993.

[9] 陈文萍,杨萌,洪弋,等. 视频传感器网络覆盖问题. 计算机应用,2013,33(6)：1489-1494.

[10] Wang Y,Cao G. On full-view coverage in camera sensor networks. INFOCOM,2011 Proceedings IEEE,IEEE,2011：1781-1789.

[11] 蒋杰,方力,张鹤颖,等. 无线传感器网络最小连通覆盖集问题求解算法. 软件学报,2006, 17(2)：175-184.

[12] 刘爱平,刘忠,罗亚松. 一种水下无线传感器网络的连通性覆盖算法. 传感技术学报, 2009,22(1)：116-120.

[13] 董蕾,于宏毅,张霞. 一种无线传感器网络全连通群的休眠调度算法. 电子与信息学报, 2007,29(5)：1220-1223.

[14] 余亮,陶丹. 基于有向感知模型的传感器网络密度控制算法. 通信技术,2008,11(41)： 21-28.

[15] Li J,Wang R C,Huang H P,et al. Voronoi Based Area Coverage Optimization for Directional Sensor Networks. International Symposium on Electronic Commerce and Security,IEEE Xplore,2009：488-493.

[16] 黄帅,程良伦. 一种面向目标的有向传感器网络连通覆盖算法. 传感器与微系统,2012,31 (1)：65-72.

[17] 程卫芳,廖湘科,沈昌祥. 有向传感器网络最大覆盖调度算法. 软件学报,2009,20(4)： 975-984.

[18] 石高涛,廖明宏,大规模传感器网络随机睡眠调度节能机制. 计算机研究与发展,2006,43 (4)：579-585.

[19] 温俊,蒋杰,方力,等. 异构无线传感器网络的转发连通覆盖方法. 软件学报,2010,21(9)： 2304—2319.

[20] Tao D,Sun Y,Chen H J. Connectivity Checking and Bridging for Wireless Sensor Networks

with Directional Antennas. Journal of Internet Technology,2010,11(1):115-121.

[21] 钟永信,黄建国,韩晶. 基于空间唤醒的水声传感器网络节能路由协议. 电子与信息学报, 2011,33(6):1326-1331.

[22] 王换招,孟凡治,李增智. 高效节能的无线传感器网络覆盖保持协议. 软件学报,2010,21 (12):3124-3137.

[23] Guvensan M A, Yavuz A G. On coverage issues in directional sensor networks: A survey. Ad Hoc Networks,2011,9(7):1238-1255.

[24] Liang C K,He M C,Tsai C H. Movement Assisted Sensor Deployment in Directional Sensor Networks. Sixth International Conference on Mobile Ad-Hoc and Sensor Networks, IEEE Computer Society,2010:226-230.

[25] Huang C F, Tseng Y C. The coverage problem in a wireless sensor network. Mobile Networks and Applications,2005,10(4):519-528.

[26] Wang G L,Cao G H,Porta T L. Movement-assisted sensor deployment. IEEE Transactions on Mobile Computing,2006,6(6):1-13.

[27] 赵春江,吴华瑞,刘强,等. 基于 Voronoi 的无线传感器网络覆盖控制优化策略. 通信学报,2013,34(9):115-122.

[28] Sung T W,Yang C S. Voronoi-based coverage improvement approach for wireless directional sensor networks. Journal of Network & Computer Applications,2014,39(1):202-213.

[29] 贾杰,陈剑,常桂然. 无线传感器网络中基于遗传算法的优化覆盖机制. 控制与决策, 2007,22(11):1289-1292.

[30] 屈巍,汪晋宽,赵旭. 基于遗传算法的无线传感器网络覆盖控制优化策略. 系统工程与电子技术,2010,32(11):2476-2479.

[31] Numan U,Samil T,Asari V K. Method for Optimal Sensor Deployment on 3D Terrains Utilizing a Steady State Genetic Algorithm with a Guided Walk Mutation Operator Based on the Wavelet Transform. Sensors,2012,12(4):5116.

[32] Wang X,Ma J J,Wang S. Distributed particle swarm optimization and simulated annealing for energy-efficient coverage in wireless sensor networks. Sensors,2007,7(5):628-648.

[33] Ozturk C,Karaboga D,Gorkemli B. Probabilistic Dynamic Deployment of Wireless Sensor Networks by Artificial Bee Colony Algorithm. Sensors,2011,11(6):6056-6065.

[34] 蒋一波,王万良,陈伟杰,等. 视频传感器网络中无盲区监视优化. 软件学报,2012,23(2):310-322.

[35] 任彦,张思东,张宏科. 无线传感器网络中覆盖控制理论与算法. 软件学报,2006,17(3):422-433.

[36] Cai Y,Li X Y,Lou W,et al. Energy efficient target-oriented scheduling in directional sensor networks. IEEE Transactions on Computers,2009,58(9):1259-1274.

[37] 陶丹,孙岩,陈后金. 视频传感器网络中最坏情况覆盖检测与修补算法. 电子学报,2009, 37(10):2284-2290.

[38] Ma H,Liu Y. On Coverage Problems of Directional Sensor Networks. Mobile Ad-hoc and Sensor Networks, First International Conference, MSN 2005, Wuhan, December 13-15,

2005,Proceedings. DBLP,2005:721-731.

[39] Mohamadi H, Ismail A S, Salleh S. Utilizing distributed learning automata to solve the connected target coverage problem in directional sensor networks. Sensors & Actuators A Physical,2013,198(16):21-30.

[40] 马华东,陶丹. 多媒体传感器网络及其研究进展. 软件学报,2006,17(9):2013-2028.

[41] 彭玉旭,张贤风. 有向传感器网络覆盖增强研究. 计算机工程,2011,37(2):100-104.

[42] 张美燕,蔡文郁. 无线视频传感器网络有向感知 K 覆盖控制算法研究. 传感技术学报, 2013,26(5):728-733.

[43] 衣晓,薛兴亮. 基于概率感知模型的 N 段有向覆盖与 K 重全向覆盖研究. 现代电子技术, 2013,36(16):1-8.

[44] 蒋鹏,陈峰. 基于概率的三维无线传感器网络 K 覆盖控制方法. 传感技术学报,2009,22 (5):706-711.

第 10 章　基于概率感知模型的有向
传感器网络覆盖算法

10.1　引　言

对有向传感器而言,节点对目标的感知概率不仅与两者距离有密切的关系,而且与节点、目标点之间的相对位置有很大的关系。甚至当目标与节点的距离小于感知半径,节点也不一定能发现该目标。陆克中、冯禹洪[1]针对增强网络覆盖的问题提出了基于有向传感器部署的贪婪迭代算法,根据部署模型迭代求解网络节点局部最优序列,以节点每次调整所增加的区域覆盖总面积作为衡量节点调整的优先级别,调整非最优状态节点的感知方向,使算法收敛速度提高,最终传感器节点工作在一个最优解状态,达到覆盖增强的目的。文献[2]研究的是区域覆盖方面的问题,将虚拟节点和虚拟域定义区域覆盖问题转化为线性规划求解问题,结合每个节点不同的优先级,计算节点权重和虚拟域,进而提出分布式贪心算法。为了减少节点优先决策对总体覆盖率的影响,结合虚拟节点概率,提出了改进的概率增强贪心算法,该算法采用分布式策略,分析解决了传感器决策感知方向的先后顺序对最后覆盖性能的影响,增大了总体覆盖率。文献[3]研究了有向传感器点覆盖的问题,针对所提出的有向多覆盖集问题对贪婪算法进行改进,根据节点对目标有效覆盖的大小确定节点决策感知方向的优先级别,针对该改进算法只能使网络覆盖局部最优、对孤立目标考虑不足和节点需多次迭代调整感知方向的问题,提出了方向优化算法,延长了网络的生存期,提高了网络对目标集的覆盖质量。

文献[4]主要介绍了两种可旋转有向传感器启发式覆盖算法:MCD(maximum covering deployment heuristic)和 DOD(disk-overlapping deployment heuristic)。当被观察对象聚集在一起,MCD 算法效果较好;当被观察对象随机分布时,DOD 效果比较好。但是两种算法都需要部署一些中继节点来保证网络的连通性。文献[5]提出了两种基于优先级的贪婪算法来优化覆盖区域,两种算法针对重复覆盖区域和邻居节点数目下优先级的不同,进一步提高覆盖质量,由于节点要通过多次通信确定自己工作状态及其优先级,加大了节点能量消耗。Zhao[6]等基于有向传感器质心受力模型和网格理论提出一种网络覆盖算法,通过分析节点重叠覆盖和所受虚拟力的情况,关闭冗余节点,实验表明相较于 PFCEA 算法,该算法对传感器网络的覆盖质量有较大提高,减少了计算量。文献[7]定义区域内未覆盖的点对节点有引力(attraction forces of uncovered points,AFUP)作用,使得节点进行移动,减少重复覆盖,最小化重叠区域,使传感器朝向用户感兴趣的方向进行观察,并且能在 5～6 个迭代内快速收敛达到预期的覆盖效果。Hekmat 等[8]研究指出,传感器节点对目标的发现概率通常是不确定的,节点对其感知范围内的目标感知概率因距离不同而相异,确定型感知可近似等效为概率感知模型下的节点工作在理想环境中的情形。

10.2　感　知　模　型

10.2.1　有向传感器概率感知模型

有向传感器概率感知模型如图 10-1 所示。为了表示传感器概率感知的范围,需在有向传感器四元节点信息中加入新的概率范围参数 d,因此概率感知模型节点信息用 $\langle S,R_s,\vec{V}(t),\theta_f,d\rangle$ 表示。其中 s 表示节点的位置坐标 (x_s,y_s);R_s 表示节点的有效感知半径;$\vec{V}(t)=(V_x(t),V_y(t))$ 为节点在时刻 t 的感知方向,图中 $\theta_d(0\leqslant\theta_d\leqslant360)$ 表示 t 时刻节点感知方向与水平方向的夹角;$2\theta_f$ 表示节点的有效感知角度,也称为有向传感器的视域 fov;d 表示概率感知范围参数,d 的大小与节点的功率、硬件设计有关。

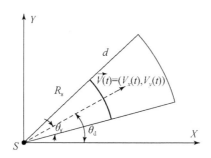

图 10-1　有向传感器扇形概率感知模型

若目标点 p 是监测区域内任意一目标,二维平面内其坐标为 (x_p,y_p),目标点 p 被节点 s 感知到的概率为

$$P(s,p)=\begin{cases}\dfrac{\alpha}{d\ (s,p)^\beta}, & d(s,p)<R_s+d \text{ 且 } \theta_d-\theta_f\leqslant\theta_{psx}\leqslant\theta_d+\theta_f\\ 0, & \text{其他}\end{cases}$$

$$\text{(10-1)}$$

其中, θ_{pxs} 表示点 p 与节点 S 所在直线与水平方向 x 轴的夹角; $d(s,p)$ 是目标点 p 到传感器节点 s 的欧氏距离, $d(s,p)=\sqrt{(x_p-x_s)^2+(y_p-y_s)^2}$; α、β 表示有向传感器节点感知参数。

　　以实际生活中视频传感器对目标的观察为例,在一定距离内,视频传感器是可以看到物体的一些情况,如目标大小、高矮等信息,但因为目标到传感器的距离、视频像素分辨率等原因看不到目标的具体样貌,但不能就认定视频传感器没有发现目标。因此,有向传感器节点对距离节点位置一定范围内的目标点是可以确定感知到的,这个确定感知范围可能是节点的感知半径、也可能比实际感知半径要小。

　　文献[9]提到一种简单的有向线性感知模型,该模型中考虑了有向传感器临界点和最远感知距离,提出了一种简单的概率感知模型。若 $d(s,p)\leqslant R_s$,有向节点 s 对目标 p 的感知概率为 $P(s,p)=1$;若 $d(s,p)=R_s+d$ 时,有向节点 s 对目标 p 的感知概率为 $P(s,p)=0$ 。由最小二乘法拟合,当 $R_s\leqslant d(s,p)\leqslant R_s+d$ 时,目标 p 被节点 s 感知到的概率满足线性关系:

$$P(s,p)=\frac{R_{far}-d(s,p)}{d} \tag{10-2}$$

其中, d 表示传感器节点概率感知范围参数; $R_{far}=R_s+d$,表示节点的最远感知距离。

　　结合式(10-1),式(10-2)经变化得到:

$$P(s,p)=\begin{cases} 1, & d(s,p)<R_s \text{ 且 } \theta_d-\theta_f\leqslant\theta_{pxs}\leqslant\theta_d+\theta_f \\ \dfrac{R_{far}-d(s,p)}{d}, & d(s,p)<R_{far} \text{ 且 } \theta_d-\theta_f\leqslant\theta_{pxs}\leqslant\theta_d+\theta_f \\ 0, & \text{其他} \end{cases}$$

$$\tag{10-3}$$

其中, θ_{pxs} 表示点 p 与节点 S 所在直线与水平方向 x 轴的夹角; $R_{far}=R_s+d$ 为节点最远感知距离。目标点 p 被节点 s 感知到的概率曲线图如图 10-2 所示。

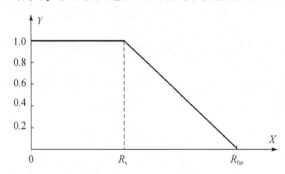

图 10-2　有向传感器概率感知曲线图

10.2.2　覆盖模型

集合 $S = \{s_1, s_2, \cdots, s_i, \cdots, s_n\}$ 表示有向传感器网络内的 n 个节点，$i \in \lceil 1,$ $n \rceil$。为了方便计算，将监测区域分成 $A \times B$ 的小网格，且每个网格足够小，可近似等效为一个点。将第 j 个网格点 p_j 被第 i 个有向节点 s_i 感知的概率定义为 $P(s_i, p_j)$，即

$$P(s_i, p_j) = \begin{cases} 1, & d(s_i, p_j) < R_s \text{ 且 } \theta_d - \theta_f \leqslant \theta_{p_j s_i x} \leqslant \theta_d + \theta_f \\ \dfrac{R_{far} - d(s_i, p_j)}{d}, & R_s \leqslant d(s_i, p_j) \leqslant R_{far} \text{ 且 } \theta_d - \theta_f \leqslant \theta_{p_j s_i x} \leqslant \theta_d + \theta_f \\ 0, & \text{其他} \end{cases}$$

$$(10\text{-}4)$$

$d(s_i, p_j)$ 表示将第 j 个网格点到节点 s_i 的欧氏距离；$\theta_{p_j s_i x}$ 表示网格点 p_j 和节点 s_i 所在直线与水平方向 x 轴的夹角。

检测区域内每个网格点 p_j 被网络内所有传感器节点 $S = \{s_1, s_2, \cdots, s_i, \cdots, s_n\}$ 感知到的联合感知概率[10,11]，用 $P_{st}(p_j)$ 表示：

$$P_{st}(p_j) = 1 - \prod_{i=1}^{n} [1 - P(s_i, p_j)], \quad i = 1, 2, 3, \cdots, n \qquad (10\text{-}5)$$

由式(10-5)可以得到监测区域内任意一个网格点被网络感知到的概率。在有向传感器网络中，目标所处的网格点被有向传感器网络感知到的感知概率阈值为 P_{th}。若网络对网格点 p_j 的感知概率 $P_{st}(p_j) \geqslant P_{th}$，则网格点 p_j 被传感器网络所感知到，即网格点 p_j 所在监测区域的位置被网络覆盖；否则，网格点 p_j 被判定为未被感知到。用 $P_c(p_j)$ 表示传感器网络对网格点 p_j 的感知概率，即

$$P_c(p_j) = \begin{cases} 0, & P_{st}(p_j) < P_{th} \\ 1, & P_{st}(p_j) \geqslant P_{th} \end{cases} \qquad (10\text{-}6)$$

计算出监测区域内所有被传感器网络感知到网格点的面积 P_{area}，就很容易计算基于概率感知模型的有向传感器网络对监测区域的覆盖率 η_{cov}。定义监测区域的覆盖率是检测区域内所有被覆盖的点面积的总和与区域面积的比，则

$$\eta_{cov} = \frac{P_{area}}{S_{area}} = \frac{\displaystyle\sum_{j=1}^{A \times B} P_c(p_j) \times \Delta x \times \Delta y}{A \times B \times \Delta x \times \Delta y} = \frac{\displaystyle\sum_{j=1}^{A \times B} P_c(p_j)}{A \times B} \qquad (10\text{-}7)$$

其中，S_{area} 为检测区域的总面积；P_{area} 表示检测区域内所有被覆盖的网格点面积总和 $P_{area} = \displaystyle\sum_{j=1}^{A \times B} P_c(p_j) \times \Delta x \times \Delta y$。

10.3　基于概率感知模型的有向传感器网络覆盖算法

10.3.1　算法假设

为了简化仿真分析,在介绍算法前作如下假设:

(1) 所有有向传感器节点同构,即所有节点的感知半径 R_s、通信半径 R_c,且 $R_c = 2R_{far}$。

(2) 传感器节点足够多,采用随机的方式大量布撒,且节点可以休眠。

(3) 传感器节点可以确定自己的位置、当前感知方向及其所有邻居节点集合的信息。

(4) 节点位置不能移动,但感知方向可以绕节点做圆周绕动。

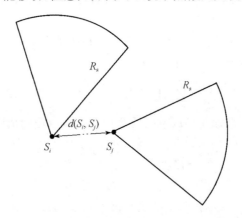

图 10-3　节点通信模型

(5) 在构成的有向传感器网络中,传感器的通信方向是全向的,如图 10-3 所示。若 s_i、s_j 为网络内任意两个节点,但节点 s_j 不在节点 s_i 当前感知方向上,其中两节点间的距离为 $d(s_i,s_j)$,且 $0 \leqslant d(s_i,s_j) \leqslant 2R_{far}$,则节点 s_i 可以和节点 s_j 通信。

10.3.2　标准工作方向

定义 10.1　标准工作方向:网络中有向传感器节点成对的工作在部署算法预设的工作方向上,此时这对预设的工作方向被称为有向传感器节点的标准工作方向。在节点初始部署后,为了减少节点在后续算法中的计算量,按照标准工作方向与节点当前感知方向的关系,调整节点的感知方向与节点标准工作方向一致。标准工作方向 φ_1、φ_2 是在部署初始就设定好且成对出现,这对预设的工作方向的弧度和为 $\varphi_1 + \varphi_2 = 2\pi$。本章算法预设网络内节点标准工作方向分别为为 $\varphi_1 = \pi/2$ 和 $\varphi_2 = 3\pi/2$。传感器的标准工作方向与坐标系的关系如图 10-4 中(a)和(b)所示,图 10-5 为有向传感器网络内节点 s_i、s_j 的联合工作方式。选定标准工作方向,有利于减少了有向传感器网络在运行算法时,网络对节点旋转量的计算次数,较好的节约节点能量。

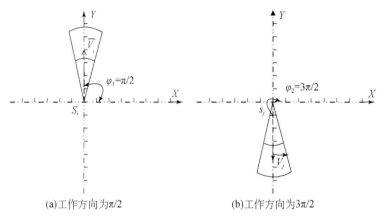

(a)工作方向为π/2　　　　　(b)工作方向为3π/2

图 10-4　节点工作方向

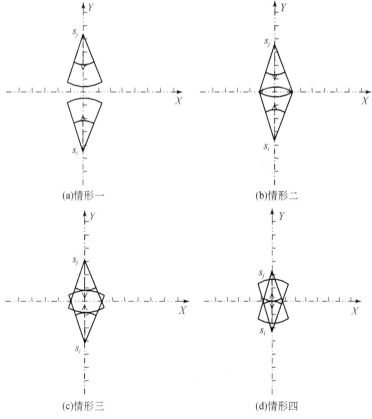

(a)情形一　　　　　(b)情形二

(c)情形三　　　　　(d)情形四

图 10-5　联合工作方式

　　由于该算法中节点采用大规模布撒的方式,因此节点采用休眠唤醒策略。节点工作状态分两种:休眠和侦听。节点休眠状态标记为 0,侦听状态标记为 1,网络部署完毕后,用 n_{work} 表示工作节点数目。网络唤醒任意节点,确定第一个节点位置(如图 10-6 节点位置关系中的节点 s_i),在理想状况下,在选取后续工作节点时,本章算法假设后续被唤醒的节点处于当前节点其水平或者垂直方向上。为了用最少的节点覆盖所有监测区域,需要保证工作在标准工作方向的节点成对的出现,且距离不能太远也不能过近。太远了会出现如图 10-5(a)中情形:监测区域的网格点不能被感知到,太近会出现如图 10-5(d)中传感器覆盖重叠区域严重,浪费节点资源的情况。

　　因此就需要计算工作节点上下距离 l_1、左右相隔距离 l_2 以及能确定 S_a、S_b 位置的 l_3,如图中网格点 p_1、p_2、p_3、p_4 所处的位置,点 p_3、p_4 在同一水平位置,如图 10-6 所示。

　　p_1、p_2 分别到节点 s_k、s_b 的距离为 $d(s_k,p_1)$ 和 $d(s_b,p_2)$,且 $d(s_k,p_1)<R_s$,$d(s_b,p_2)<R_s$。由式(10-4)可知,它们被感知概率为 1,该概率大于传感器网络最小阈值 P_{th},因此 p_1、p_2 处的事件是可被网络感知的。对于 p_3 而言,虽然距离节点 s_a、s_b 很近,因为点 p_3 不在节点 s_a、s_b 的感知方向上,因此 $P(s_a,p_3)$、$P(s_b,p_3)$ 都等于 0,对网格点 p_3 的覆盖没有贡献。

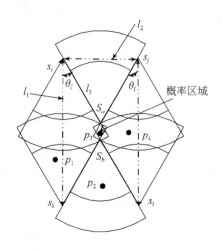

图 10-6　节点位置关系

　　由式(10-5)计算得到 s_i、s_j、s_k、s_l 四个节点对 p_3 的感知概率:

$$P_{st}(p_3)=1-\prod_{i=i,j,k,l}[1-P(s_i,p_3)],\quad i=i,j,k,l \tag{10-8}$$

　　由于该概率感知模型中,节点的感知概率是随网格点距离节点的距离增大而呈现线性递减的。图 10-7 为单个节点对不同位置网格点的感知概率。直线 L 与

节点 s_i 的感知方向垂直,相交于点 p,与扇形半径 s_iA、s_iB 相较于其中 C、F,按式(10-3)概率感知模型可得:弧 $\overset{\frown}{ED}$ 上的点与点 p 被节点 s_i 感知概率相同,且大于点 C 和点 F 的被节点 s_i 感知概率。

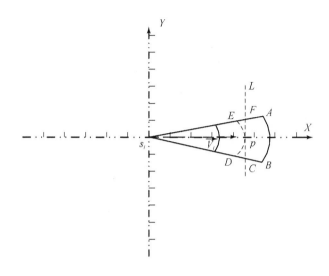

图 10-7　单个节点中不同位置网格点感知概率

由此得出,有向传感器成对出现时,若点 F 位置的点可以被联合感知,则点 p 也必定被感知。也就是说,图 10-6 中若网格点 p_3 可被感知发现,则 p_4 也必定可被感知。令 $P_{st}(p_3) \geqslant P_{th}$,由式(10-9)计算出 R_{far}、θ_f、d 和 $d(s_i, p_3)$、$d(s_j, p_3)$、$d(s_k, p_3)$、$d(s_l, p_3)$ 与可概率感知阈值 P_{th} 的关系,进而求出 l_1 和 l_2 大小。

$$P_{st}(p_3) = 1 - \prod_{i=i,j,k,l} [1 - P(s_i, p_3)] \geqslant P_{th}, \quad i = i, j, k, l \qquad (10\text{-}9)$$

通过余弦定理

$$l_2{}^2 = l_3{}^2 + l_3{}^2 - 2l_3 l_3 \cos(2\theta_f) \qquad (10\text{-}10)$$

得到 l_3

$$l_3 = \frac{l_2}{\sqrt{2 - 2\cos(2\theta_f)}} \qquad (10\text{-}11)$$

因此知道了 l_2 的距离就能确定 l_3 的长度,进而计算得到 s_a、s_b 位置。

在休眠唤醒策略中,计算出工作节点的距离 l_1、l_2 和 l_3 后,就可计算出与 s_i 节点相关的 s_j、s_k、s_a、s_b 节点的相对理论位置。假设监测区域中,相对理论位置上都存在一个虚拟节点。通过虚拟节点位置和实际部署中节点的位置的比较,对距离虚拟节点位置最近且感知方向相同的节点进行唤醒。重复执行唤醒策略,直到网络部署完毕。为了减小算法的复杂性,节点按区域块被唤醒,在本章算法模型中,一次可唤醒 4 个节点,如图 10-6 所示,节点 s_i 被确定工作之后,可以唤醒 s_j、s_k、s_a、

s_b,再分别通过 s_j 和 s_k,继续下一个区域块的节点唤醒工作。同时为了保证网络的连通性,其中 l_1、l_2 和 l_3 均小于通信 $2R_{far}$。

10.3.3　工作节点数量估算

用 S_{area} 表示监测区域面积,随机部署的有向传感器节点位置均匀分布且感知方向在 θ_d 在 $[0,2\pi]$ 上也是均匀分布。结合全向传感器网络算法中节点数目的计算方法,单个有向传感器节点 s 所感知的区域面积为

$$S_s = \theta_f R_s^2 \tag{10-12}$$

在理想情况下达到监测区域全覆盖 $\eta_{cov}=100\%$,用 n_{per} 表示此情形下所需的节点数目,则

$$n_{per} = S_{area}/\theta_f R_s^2 \tag{10-13}$$

若要求监控区域被网络覆盖的覆盖率为 η_0,采用确定感知模型[12],每个传感器节点能监控整个目标区域的概率为 $\theta_f R^2/S_{area}$,假设所有有向传感器节点部署之后没有重叠覆盖区域,且不考虑边界覆盖情况,用 n_{per}^* 表示此时所需要的节点数目,则

$$\eta_0 = 1 - (1 - \frac{\theta_f R_s^2}{S_{area}})^{n_{per}^*} \tag{10-14}$$

由上式可得到,当目标区域网络覆盖率至少达到 P_0 时,需要部署的节点的数量为

$$n_{per}^* \geqslant \frac{\ln(1-\eta_0)}{\ln(S_{area}-\theta_f R_s^2) - \ln S_{area}} \tag{10-15}$$

由式(10-13)、式(10-15)可以估算出节点数量,以 n_{per} 和 n_{per}^* 的大小作参考可以帮助决定最终部署节点的数量。

10.3.4　算法描述

步骤 1　由式(10-15)估算所需节点数量,初始化有向传感器节点参数,部署之后节点交换消息,确认本节点所处位置和邻居节点位置,并标记所有节点工作状态为 1,$n_{work}=n$。

步骤 2　根据预设的标准工作方向 φ_1、φ_2(本章中规定 $\varphi_1=\pi/2$ 和 $\varphi_2=3\pi/2$)。比较有向传感器节点 s_i 感知方向 θ_{di} 和标准工作方向 $\varphi_1(\varphi_2)$ 的差值大小,转入步骤 3。

步骤 3　若 $0 \leqslant |\theta_{di}-\varphi_1| \leqslant \pi/2$(或者 $0 \leqslant |\theta_{di}-\varphi_2| \leqslant \pi/2$),则传感器节点通过旋转运动调整感知方向 θ_{di} 到 φ_1(或者 φ_2)方向;否则,节点旋转调整感知方向 θ_{di} 到 φ_2(或者 φ_1)方向,即确保传感器旋转运动的弧度最小,转入步骤 4。

步骤 4　循环执行步骤 2、步骤 3,直到所有部署的节点的感知方向 θ_{di} 都指向预设的标准工作方向 φ_1 或者 φ_2,标记节点工作状态为 0,令 $n_{work}=0$,转入步骤 5。

　　步骤 5　从部署区域左下角开始,随机唤醒一个节点,使其工作状态为 1,工作节点数 $n_{work}=1$,由式(10-8)、式(10-11)计算被唤醒节点和周围节点的距离 l_1、l_2 和 l_3 参数,由此算出虚拟节点位置和感知方向,转入步骤 6。

　　步骤 6　比较虚拟节点和网络中实际节点位置,若虚拟节点位置不存在实际节点,则唤醒距离虚拟节点最近且感知方向相同的节点,若存在则唤醒该实际节点,标记其工作状态为 1, $n_{work}=n_{work}+1$,转入步骤 7。

　　步骤 7　以新唤醒的节点执行步骤 5,若计算出的虚拟节点位置在监测区域内,则执行步骤 6,否则结束该步骤,记录当前工作节点数 n_{work},转入步骤 8。

　　步骤 8　由式(10-6)、式(10-7),计算覆盖率 η_{cov}。

　　运行算法后传感器部署图如图 10-8 所示。

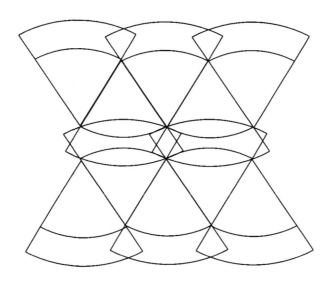

图 10-8　运行算法后传感器部署图

　　算法流程图如图 10-9 所示。算法说明:

　　(1) 网络工作一段时间后,若节点因故障无法工作或者节点当前能量 $E_{now} \leqslant E_{th}$(E_{th} 表示节点工作所需的最小能量阈值),则距离该节点位置最近的节点,且感知方向方向相同的节点优先进入工作状态(因为节点大量部署,假设总能找到这样工作方向相同的节点),直到所有节点的能量都耗尽或者网络没法连通。

　　(2) 本章中预设标准工作方向为 $\varphi_1=\pi/2$ 和 $\varphi_2=3\pi/2$,有利于网络计算,标准工作方向也可以选取其他方向,但必须保证是成对且 $\varphi_1+\varphi_2=2\pi$。

　　(3) 由于不能保证在每个理论虚拟节点位置处都真的存一个节点,因此在节点唤醒的过程中,第 i 个节点被唤醒之后,会使监测区域更多的网格点被网络内节点的感知概率大于可最小感知阈值 p_{th},也就是增大传感器网络的覆盖率。

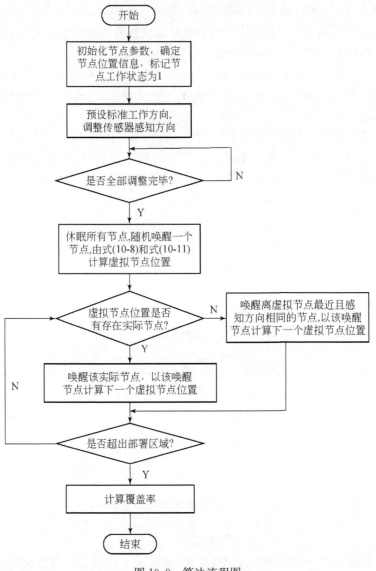

图 10-9　算法流程图

　　(4) 假设部署区域是长方形,初始唤醒第一个节点在部署边缘交点处,若节点按照 $\varphi_1 = \pi/2$ 和 $\varphi_2 = 3\pi/2$ 方向为标准方向开始工作,如图 10-10 所示,在部署区域边缘处,每个工作节点将有一半或者更多的视域没有被利用上,严重浪费资源,而且会存在部分区域未能完全覆盖,也就是说,选定节点的工作方向对边缘节点的利用效率有很大影响。理想情况下,若节点的视角为 $\pi/2$,确定节点工作方向为 $\pi/4$ $(3\pi/4)$,在边缘处,所有的边缘节点会处于相对理想的条件下,边缘节点的覆盖效率和利用率会大幅度提高。

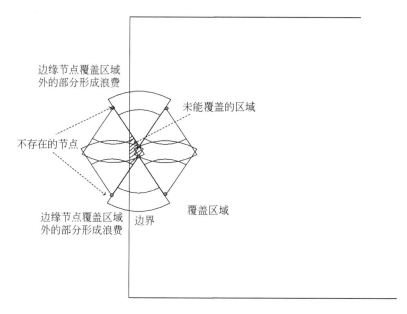

图 10-10　部署区域边缘处情况

10.4　仿真分析

在本章算法中,首先假设节点被大规模抛撒,保证检测区域的所分成的网格点上都有传感器节点,采用设计的唤醒节点策略,对网络覆盖进行优化。如表 10-1 所示,设监测区域面积 S_{area} 为 500m×500m,传感器节点感知半径 R_s 为 30m,感知视角 fov 为 $2\theta_f = 60°$,$R_{far} = R_s + d$,其中 R_{far} 表示节点最远感知距离,d 表示概率感知范围参数,$d = 10$m,有向传感器网络感知到的感知概率阈值为 $P_{th} = 0.80$。使用 MATLAB 对部署算法仿真,仿真结果与 IPEPCA 算法[13]相比较。

表 10 -1　实验仿真参数设置

对比项目	参数设置
监测区域 S_{area}	500m×500m
感知半径 R_s	30m
传感器感知视角 fov	$2\theta_f = 60°$
概率感知范围 d	10m
概率阈值 P_{th}	$P_{th} = 0.80$

在理想状况下,分布所有传感器节点,节点覆盖无重叠,由式(10-13)分别计算采用确定性感知模型和采用概率感知模型所需节点个数 n_{per};可通过式(10-15)计

算要求监测区域覆盖率 η_0 至少达到 85% 时所需节点个数 n_{per}^*。经计算,给出两种情况下工作节点个数与所采用节点模型的关系图,如图 10-11 所示,从图中可以看出,采用概率感知模型,可以明显减少节点的使用量。

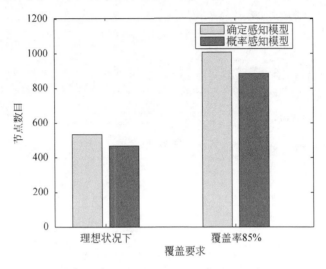

图 10-11　工作节点个数与所采用节点模型的关系

　　图 10-12 表示 IPEPCA 和本章算法监测区域中节点个数与覆盖率的关系。从图中曲线看出,随着工作节点数目的增多,IPEPCA 和本章算法的覆盖率都在提高,但是本章算法对对覆盖率提升的速度较快,当 $n \geqslant 500$ 后,覆盖率增长速度变缓,而本章算法较快的达到监测区域要求的覆盖率 η_0,并趋于平稳。

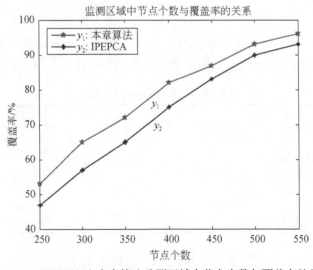

图 10-12　IPEPCA 和本章算法监测区域中节点个数与覆盖率的关系

图 10-13 显示节点数量、感知视角大小与网络覆盖率的关系。感知视角 fov 分别取 45°、60°、70°。由图中可以看出随着感知视角 fov 的增大,在相同节点 n 下,感知视角越大,覆盖率 η_{cov} 越大。当感知视角为 70°时,覆盖率 η_{cov} 随着工作节点个数的增多,传感器网络对监测区域的覆盖率 η_{cov} 很快趋于饱和,增长速度变得缓慢。节点进一步增加对网络的总体覆盖率 η_{cov} 的贡献不大。

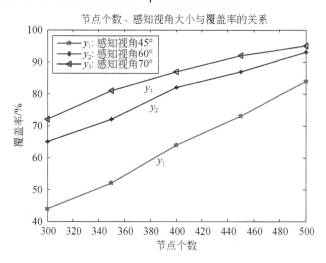

图 10-13　节点数量、感知视角大小与覆盖率的关系

图 10-14 显示了剩余节点个数随时间的变化。从图中可以看出,同样采用大规模部署,网络工作初期,因节点能量充足,两个算法节点数目几乎保持相同。运

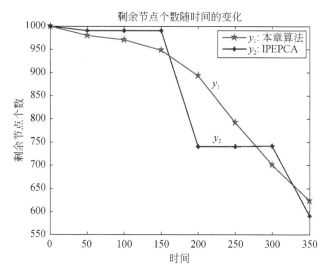

图 10-14　剩余节点个数随时间的变化

行一段时间后,采用 IPEPCA 算法的网络节点数因当前工作节点能量耗尽而锐减一部分,但是仍能保持网络连通。由于本章然后选取节点休眠-唤醒机制,当一个节点失效后,唤醒离其最近的节点,使其快速进入工作状态,保证网络的连通和覆盖率。在初始阶段,节点个数减少是因为节点部署故障。由于开始工作后,工作节点一直处于能量消耗状态,随着部分节点的轮换,剩余节点个数逐渐减少。在 150 ~200 时间单位之间节点个数极具减少,这是因为工作节点能量耗尽,大规模死亡造成的,而后开始新一轮的唤醒。所以,采用本章算法有助于延长网络工作时间。

10.5　本章小结

本章针对随机部署的有向传感器节点,建立基于传感器节点边缘感知概率递减的有向概率感知模型,采用信息融合的方法,传感器边缘感知区域,通过多个传感器节点的交换信息,进行联合判断,若被感知概率超过节点所设定的感知阈值,则可认为事件被检测到。仿真结果表明,该算法有效地减少了节点的使用数量,具有较好的覆盖效果。

参 考 文 献

[1] 陆克中,冯禹洪,毛睿,等. 有向传感器网络覆盖增强问题的贪婪迭代算法. 电子学报, 2012,40(4): 683-694.

[2] 程卫芳,廖湘科,沈昌祥. 有向传感器网络最大覆盖调度算法. 软件学报,2009,20(4): 975-984.

[3] 温俊,蒋杰,窦文华. 公平的有向传感器网络方向优化和节点调度算法. 软件学报,2009, 20(3): 644-659.

[4] Chen Y F, Wang Y C, Tseng Y C. Using Rotatable and Directional(R&D)Sensors to Achieve Temporal Coverage of Objects and Its Surveillance Application. IEEE Transactions on Mobile Computing,2012,11(8):1358-1371.

[5] Liang C K, Tsai C H, Chu T H. Coverage Enhancing Algorithms in Directional Sensor Networks with Rotatable Sensors. Distributed Computing and Networking. Springer Berlin Heidelberg,2011:264-273.

[6] Zhao J, Zeng J C. A virtual centripetal force-based coverage- enhancing algorithm for wireless multimedia sensor networks. IEEE Sensors Journal,2010,10(8):1328-1334.

[7] Guvensan M A, Yavuz A G. A New Coverage Improvement Algorithm Based on Motility Capability of Directional Sensor Nodes. Ad-hoc, Mobile, and Wireless Networks. Springer Berlin Heidelberg,2011:206-219.

[8] Hekmat R, Mieghem P V. Connectivity in wireless ad-hoc networks with a log-normal radio model. Mobile Networks and Applications,2006,11(3):351-360.

[9] 彭力,王茂海,赵龙. 一种新的动态视觉传感器网络目标覆盖率算法. 计算机应用研究,

2012,5(27)：1708-1711.

[10] 马超,史浩山,严国强,等.无线传感器网络中基于数据融合的覆盖控制算法.西北工业大学学报,2011,6(3)：374-379.

[11] 孟凡治,王换招,何晖.基于联合感知模型的无线传感器网络连通性覆盖协议.电子学报,2011,4(39)：772-779.

[12] Ma H,Liu Y. On Coverage Problems of Directional Sensor Networks. Mobile Ad-hoc and Sensor Networks, First International Conference, MSN 2005, Wuhan, December 13-15, 2005,Proceedings. DBLP,2005：721-731.

[13] 月肖甫,王汝传,叶晓国.基于改进势场的有向传感器网络路径覆盖增强算法.计算机研究与发展,2009,46(12)：2126-2133.

第 11 章　视频传感器网络路径覆盖改进算法

11.1　引　　言

在上一章我们研究了有向传感器区域覆盖问题,和区域覆盖问题一样,对栅栏覆盖问题研究的主要目的是用尽量少的节点协作地完成对确定目标点路径轨迹的监测,在优化网络覆盖、延长传感器网络的工作时间同时,保证网络对目标的感知覆盖质量,保证信息获取的完整性和有效性。

Sung[1]根据 Voronoi 图和有向传感器方向可调的特点,在没有网络全局信息的条件下,设计了一种分布式贪心算法,将有向传感器节点分隔一个个的泰森多边形中,综合考虑每个节点所在的凸边形对覆盖率的贡献度和邻居节点在感知方向上的重复覆盖率,最终使节点的工作方向可以控制在最有利扩大覆盖效果的方向上。文献[2]将虚拟力与节点质心概念相结合,通过虚拟力的作用调整节点质心位置,进而转化为有向传感器节点感知方向得到的旋转调整优化,从而减少了网络中覆盖的空洞和重叠的覆盖。为降低时间复杂度,Tao 基于感知连通子图提出了增强算法[3]。这些由"质心"确定的算法在稳定时刻由于力的作用,节点存在震荡的现象,而且新节点被唤醒,需要算法重新执行,部分节点需要再旋转,因此,节点能量损耗较大。文献[4]讨论三维模型且有障碍物存在的条件下,根据虚拟组合力的关系,该算法同时将节点移动能耗计算在内,并讨论了算法控制调整终止条件,最终将初始低覆盖率、低连通性的传感器网络通过虚拟组合力作用调度为一个高覆盖率、重连通性的网络。

文献[5]针对目标路径覆盖问题展开研究,提出了 PFPCE(potential field based path coverage enhancement)算法,通过分析节点质心与运动轨迹点、相邻节点质心之间的虚拟力情况,强化了有向传感器网络对目标的发现以及跟踪。在多数情况下,监控区域内目标无法被理想的简化成为一个质点,在这样的情况下,有向传感器网络中单个视频传感器节点不但无法同时覆盖多个目标,甚至完不成对单个目标的完全覆盖,无法获得目标的全部特征信息。基于此,文献[6]结合虚拟势场原理,提出了多节点协同工作的覆盖算法,最后通过粒子群优化算法搜索的节点的最优工作方向,实现目标的完全覆盖,该算法只能对规则目标的覆盖情况进行优化,若目标的半径、大小远远大于传感器所能感知的半径,该算法效果将明显下降。

　　文献[7]利用有效监控区域和重叠区域质心间的斥力、有效监控区域和障碍物遮挡区域质心间的斥力,提出了一种基于虚拟力的无盲区覆盖模型的覆盖率动态优化算法,解决了监测区域内存在障碍物网络覆盖率受限的问题,优化了视频传感器的覆盖率,减少了覆盖盲区。

　　文献[8]就虚拟力和节点休眠控制策略的问题展开进一步的研究,指出传统覆盖控制算法通过固定步长的方式调整有向传感器节点的感知方向的弊病,推导出虚拟力与调整角度的关系式,当网络处于稳定状态,通过对覆盖子集的判断减少工作节点数目,不仅提高了网络的生存时间,还能使网络较快的达到稳定状态。

　　本章采用概率感知模型对 PFPCE 算法进行改进,通过虚拟力作用对传感器网络的视频节点的进行控制,通过节点与邻居节点对目标轨迹点的信息融合,增强了视频节点对进入监测区域的目标的轨迹路径发现概率和感知效果。仿真结果表明:本章算法可以充分利用传感器概率感知区域实现对目标的发现与检测。

11.2　感　知　模　型

11.2.1　概率感知模型

　　本章视频传感器感知模型采用 10.2.1 节有向传感器扇形概率感知模型。

　　用集合 $S=\{s_1,s_2,\cdots,s_i,\cdots,s_n\}$ 表示有向传感器网络内的 n 个节点($1\leqslant i\leqslant n$);若目标点 p 为监测区域内出现的一个目标,其位置为 (x_p,y_p),s_i 为视频传感器网络的第 i 个节点,坐标为 (x_{s_i},y_{s_j}) 用 $P_{st}(s_i,p)$ 为表示视频传感器 s_i 对目标点 p 的感知概率,$d(s_i,p)$ 表示目标点 p 到节点 s_i 的欧氏距离。当 $d(s_i,p)\leqslant R_s$,目标点 p 被节点 s_i 感知到的概率为 $P_{st}(s_i,p)=1$;当 $d(s_i,p)=R_s+d$ 时,目标点 p 被节点 s_i 感知到的概率为 $P_{st}(s_i,p)=0$;当 $R_s\leqslant d(s_i,p)\leqslant R_s+d$ 时,$P_{st}(s_i,p)$ 可表示为

$$P_{st}(s_i,p)=-\frac{d(s_i,p)^2-R_{far}^2}{d^2+2R_s d} \tag{11-1}$$

因此得出有向感知模型为

$$P_{st}(s_i,p)=\begin{cases}1, & d(s_i,p)\leqslant R_s\ 且\ \theta_d-\theta_f\leqslant\theta_{ps_x}\leqslant\theta_d+\theta_f\\ \dfrac{d(s_i,p)^2-R_{far}^2}{d^2+2R_s d}, & R_s<d(s_i,p)\leqslant R_{far}\ 且\ \theta_d-\theta_f\leqslant\theta_{ps_i x}\leqslant\theta_d+\theta_f\\ 0, & 其他\end{cases}$$

$$\tag{11-2}$$

目标点 p 被节点 s_i 的感知概率曲线图如图 11-1 所示。

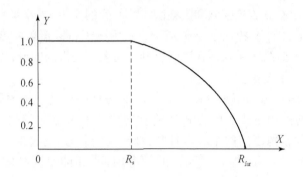

图 11-1　视频传感器节点感知概率曲线图

11.2.2　计算等效质心

为了更好地完成节点对监测区域的覆盖,保证网络服务质量,就需要对网络的部署做出控制调整,一种办法是增大节点部署规模,用节点数量弥补网络服务质量的不足,另一种办法就是在现有网络的基础上,调整部分传感器节点位置。传统传感器网络的移动只针对节点本身,节点受到外力的作用移动之后,则感知范围随之移动。由于有向传感器感知模型的不规则、不完全对称特点,其移动方式也有自己的特殊之处,为了研究有向传感器移动特性,根据早先对无线传感器研究的文献,有向传感器等效质心[9,7,2,10]的方法被提出并广泛应用。

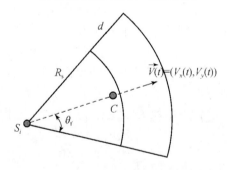

图 11-2　视频传感器概率感知模型的质心

图 11-2 中点 C 为有向传感器概率感知模型的质心,概率感知范围参数 d 取值的不同,质心的位置会有所不同,但是一定位于视频传感器视角的角平分线上。

为了计算出概率感知模型下有向传感器的质心,假设传感器对任意点的发现概率为扇形区域的密度函数,由于节点对感知区域内感知概率的不均匀,即传感器感知的扇形区域质量不均匀,利用重积分,计算得到概率感知模型的有向传感器其质心点位于其对称轴上,且与节点顶点距离为 d_{cen}。

$$d_{\text{cen}} = \frac{\iint\limits_{D} x P_{\text{st}} \mathrm{d}\sigma}{M} d_{\text{cen}} = \frac{\iint\limits_{D} x P_{\text{st}} \mathrm{d}\sigma}{\iint\limits_{D} P_{\text{st}} \mathrm{d}\sigma}$$

$$= \frac{\int_{-\theta_{\text{f}}}^{\theta_{\text{f}}} \cos\theta \mathrm{d}\theta \int_{0}^{R_{\text{s}}} \rho^2 \mathrm{d}\rho + \int_{-\theta_{\text{f}}}^{\theta_{\text{f}}} \cos\theta \mathrm{d}\theta \int_{R_{\text{s}}}^{R_{\text{far}}} -\frac{\rho^2 - R_{\text{far}}^2}{d^2 + 2R_{\text{s}}d} \rho^2 \mathrm{d}\rho}{\iint\limits_{D_1} \mathrm{d}\sigma + \iint\limits_{D_2} P_{\text{st}} \mathrm{d}\sigma} \quad (11\text{-}3)$$

$$= \frac{\int_{-\theta_{\text{f}}}^{\theta_{\text{f}}} \cos\theta \mathrm{d}\theta \int_{0}^{R_{\text{s}}} \rho^2 \mathrm{d}\rho + \int_{-\theta_{\text{f}}}^{\theta_{\text{f}}} \cos\theta \mathrm{d}\theta \int_{R_{\text{s}}}^{R_{\text{far}}} \left(-\frac{\rho^2 - R_{\text{far}}^2}{d^2 + 2R_{\text{s}}d}\right) \rho^2 \mathrm{d}\rho}{\int_{-\theta_{\text{f}}}^{\theta_{\text{f}}} \mathrm{d}\theta \int_{0}^{R_{\text{s}}} \rho \mathrm{d}\rho + \int_{-\theta_{\text{f}}}^{\theta_{\text{f}}} \mathrm{d}\theta \int_{R_{\text{s}}}^{R_{\text{far}}} \left(-\frac{\rho^2 - R_{\text{far}}^2}{d^2 + 2R_{\text{s}}d}\right) \rho \mathrm{d}\rho}$$

其中，$\rho = d(s_i, p)$，从式(11-3)可以看出，当扇形区域内所有的点被监测的概率都为 1，有向传感器概率感知模型就等价于有向确定性感知模型，其质心点位于对称轴上且与圆心距离为 $2(R+d)\sin\theta_{\text{f}}/3\theta_{\text{f}} = 2R_{\text{far}}\sin\theta_{\text{f}}/3\theta_{\text{f}}$。

11. 2. 3 目标轨迹

图 11-3 中粗虚线为目标从左到右的移动轨迹，用 L 表示。

定义 11. 1 将目标的移动轨迹 L，以间隔 Δl 对轨迹 L 均匀取样，每个取样点都被称为目标的一个轨迹点，m 表示轨迹点总数，则目标轨迹点可表示为集合 $T = \{t_1, t_2, t_3, \cdots, t_i, \cdots, t_m\}$ $(i = 1, 2, 3, \cdots, m)$，m 的大小为式(11-4)计算得到后的整数部分。

$$m \approx L/\Delta l \quad (11\text{-}4)$$

定义 11. 2 监测区域内距离目标移动轨迹小于或等于视频传感器最远感知距离 R_{far} 的范围区域被称为轨迹带。实线表示 PFPCE 算法中的轨迹带，细虚线为本章采用概率感知感知模型的轨迹带，即实线和细虚线之间的区域为本章算法改进后扩大的监控范围。

定义 11. 3 轨迹带内的视频节点被称为跟踪节点，以集合 S_k 表示，则 $S_k \in S$，且 $S_k = \{s_1, s_2, \cdots, s_i, \cdots, s_k\}$ $(i = 1, 2, \cdots, k)$，其中 $k \leqslant n$。

11. 2. 4 覆盖模型

目标在监测区域出现、经过，形成的轨迹，均匀选取该轨迹上的点，用集合 $T = \{t_1, t_2, t_3, \cdots, t_i, \cdots, t_m\}$ $(i = 1, 2, 3, \cdots, m)$ 表示目标移动轨迹上的轨迹点集合。将第 j 个目标轨迹点 t_j 被第 i 个有向节点 s_i 感知的概率定义为 $P(s_i, p_j)$。用 $P_{\text{st}}(t_j)$ 表示传感器网络对 t_j 的感知概率。由式(10-5)、式(11-2)得到

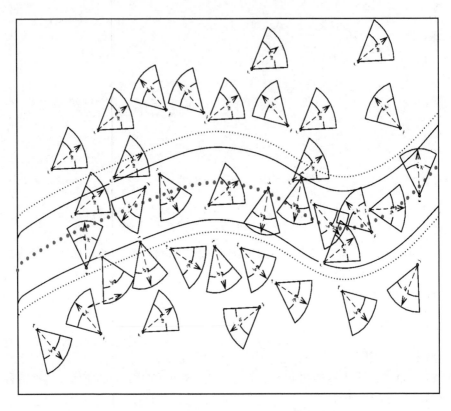

图 11-3　监测区域内目标移动路径和节点分布图

$$P_{st}(t_j) = 1 - \prod_{i=1}^{n} [1 - P(s_i, t_j)], \quad i = 1, 2, 3, \cdots, n \tag{11-5}$$

由式(11-5)可以得到监测区域内传感器所有节点对目标轨迹点的感知概率。设轨迹点被有向传感器网络感知到的感知概率阈值为 P_{th}。若网络对轨迹点 t_j 的感知概率 $P_{st}(t_j) \geqslant P_{th}$，则轨迹点 t_j 被判定为被感知到，即轨迹点 t_j 被网络覆盖；否则，轨迹点 t_j 被判定为未被感知到。用 $P_c(t_j)$ 表示传感器网络对轨迹点 t_j 的感知概率，因此

$$P_c(t_j) = \begin{cases} 0, & P_{st}(t_j) < P_{th} \\ 1, & P_{st}(t_j) \geqslant P_{th} \end{cases} \tag{11-6}$$

η_{cov} 表示目标轨迹点被传感器网络的覆盖率，其大小为被感知到的轨迹点个数与轨迹点总数之比，则

$$\eta_{cov} = \frac{t_{dis}}{m} = \frac{\sum_{j=1}^{m} P_c(t_j)}{m} \tag{11-7}$$

其中，t_{dis} 表示判定被网络感知到轨迹点数目，其大小为 $t_{dis} = \sum\limits_{j=1}^{m} P_c(t_j)$。

因此，计算出监测区域内所有被传感器网络感知到目标轨迹点的个数，就能知道目标在监测区域移动时候被发现的情况。其中，η_{cov} 的大小与被发现的轨迹点数量有关，同时也与对目标轨迹取样的数量 m 有关。

11.3　基于概率感知模型的视频传感器网络路径覆盖增强算法

11.3.1　算法设定

为了方便仿真分析，算法做如下假设：

（1）所有视频传感器节点同构，即所有节点的感知半径 R_s、通信半径 R_c，且 $R_c = 2R_{far}$，视频传感器节点可概率感知的范围相同。

（2）视频传感器采用随机方式布撒，节点在不工作时候可以由网络控制休眠。

（3）视频传感器节点随机部署后知道自身的位置坐标、感知方向和所有邻居节点的位置信息。

（4）视频传感器节点位置不能移动，但感知方向可以绕节点做圆周绕动。

（5）在构成的视频传感器网络中，视频传感器节点的通信方向是全向的。若 s_i、s_j 为网络内任意两个节点，但节点 s_j 不在节点 s_i 当前感知方向上，其中两节点间的距离为 $d(s_i, s_j)$，且 $0 \leqslant d(s_i, s_j) \leqslant 2R_{far}$，则节点 s_i 可以和节点 s_j 通信。

11.3.2　虚拟力受力分析

1）目标点 t_j 和跟踪节点 s_i 之间的引力

如图 11-4 所示，$d(s_i, t_j)$ 表示目标点 t_j 到跟踪节点 s_i 的欧氏距离，只有当 $d(s_i, t_j) \leqslant R_s + d$ 时，目标轨迹点 t_j 对跟踪节点 s_i 有引力 $F(s_i, t_j)$。

改进后的引力模型为

$$F(s_i, t_j) = \begin{cases} k_a \dfrac{1}{d(c_i, t_j)^a P_{st}(s_i, t_j)} a_{ij}, & d(s_i, T_j) \leqslant R_{far} \\ 0, & \text{其他} \end{cases} \tag{11-8}$$

k_a、a 为增益系数，$d(c_i, T_j)$ 为节点 s_i 的质心点 c_i 到轨迹点 t_j 的欧氏距离，a_{ij} 为单位向量。从式（11-8）中，引力大小 $F(s_i, t_j)$ 与轨迹点可被感知的概率成反比，感知概率越大引力越小。$F_{\perp}(s_i, t_j)$、$F_{\parallel}(s_i, t_j)$ 是引力 $F(s_i, t_j)$ 的分量，$F_{\perp}(s_i, t_j)$ 是指向节点的分量，$F_{\parallel}(s_i, t_j)$ 是切线分量。由于节点不移动，因此只有 $F_{\parallel}(s_i, t_j)$ 使得节点旋转。

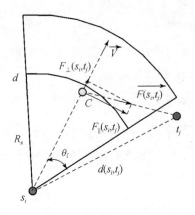

图 11-4　轨迹点对传感器节点的引力

2) 跟踪节点 s_i 和 s_j 之间的斥力

用 $d(s_i, s_j)$ 表示跟踪节点 s_i 到 s_j 的距离,当 $d(s_i, s_j) \leqslant 2R_{far}$ 跟踪节点 s_j 对 s_i 有斥力,且作用在跟踪节点 s_i 的质心上,如图 11-5 所示。

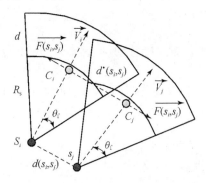

图 11-5　传感器 s_i 和 s_j 质心点之间的斥力

用 $F(s_i, s_j)$ 表示节点间的引力,则改进后的引力模型为

$$F(s_i, s_j) = \begin{cases} k_b \dfrac{1}{d^{\cdot} (s_i, s_j)^b} a_{ij}, & d(s_i, s_j) \leqslant 2R_{far} \\ 0, & \text{其他} \end{cases} \tag{11-9}$$

$d^{\cdot}(s_i, s_j)$ 表示传感器节点 s_i 的质心点 C_i 到传感器节点 s_j 的质心点 C_j 的欧氏距离,k_b、b 为斥力增益系数,$k_b \leqslant k_a$,a_{ij} 为单位向量,由质心点 C_j 指向 C_i。

在式(11-9)中,$F(s_i, s_j)$ 的大小与节点质心的欧氏距离 $d^{\cdot}(s_i, s_j)$ 成反比。质心点所受斥力大小与 C_i 和 C_j 间距离成反比。$F_{\perp}(s_i, s_j)$、$F_{\parallel}(s_i, s_j)$ 是斥力 $F(s_i, s_j)$ 的分量,$F_{\perp}(s_i, s_j)$ 是指向节点的分量,$F_{\parallel}(s_i, s_j)$ 是切线分量,同样只有 $F_{\parallel}(s_i, s_j)$ 可以使节点旋转。

3) 节点 s_i 的质心所受合力

节点 s_i 因为斥力和引力的作用,以 F_i 表示节点质心所受合力,则

$$F_i = F(s_i, t_j) + F(s_i, s_j) \tag{11-10}$$

将 F_i 分为 $F_{i\perp}$、$F_{i\parallel}$,则节点在 $F_{i\parallel}$ 作用下旋转移动。

4) 移动规则

跟踪节点 s_i 对轨迹点 t_j 的感知概率 $P_{st}(s_i, t_j) \geqslant P_{th}$,则 $P_{st}(t_j) \geqslant P_{th}$,因此节点不再移动;若 $P_{st}(s_i, t_j) < P_{th}$,则计算出节点受力情况。

若切线方向大小为 F 的虚拟力可使得节点旋转的角度为 $\Delta\theta$,则由 $F_{i\parallel}$ 的大小

$$\theta_{mov} = \frac{F_{i\parallel}}{F} \times \Delta\theta \tag{11-11}$$

转动之前,需由式(11-5)计算节点转动后,传感器网络对目标轨迹点 t_j 新的感知概率 $P'_{st}(t_j)$,若 $P'_{st}(t_j) \geqslant P_{th}$,则移动;否则节点还保持原来位置。

11.3.3 算法描述

在部署前,由第 10 章式(10-14)估算网络部署所需节点数量,以此为依据在监测区域内进行部署。

步骤 1 所有视频传感器节点被抛撒之后,初始化节点参数,节点交换消息,确认本节点所处位置和邻居节点位置,进入步骤 2。

步骤 2 计算集合 S 内所有节点对监视区域的覆盖率 η'_{cov},并标记所有节点工作状态为 0,令 $n_{work} = 0$,进入步骤 3。

步骤 3 随机选取一条穿越监测区域的路线 L,以 Δl 随机均匀选取目标轨迹点(由式(11-4)计算出轨迹点总数 m),并找出所有到该路线 L 的垂直直线距离小于 R_{far} 的节点,给每个节点编号,保存为跟踪节点集合 S_k,进入步骤 4。

步骤 4 采用式(11-3)计算跟踪节点的质心位置,进入步骤 5。

步骤 5 针对轨迹点 t_j,用式(11-6)计算所有能跟踪到该轨迹点的节点对其的联合感知概率,然后根据运动规则,若不需要转动则 $n_{work} = n_{work} + 1$;重复下一个接轨迹点 t_{j+1};若需要转动,则计算邻居节点质心点与质心点的斥力、轨迹点与节点质心点的引力,计算出旋转角度,进入步骤 6。

步骤 6 假设顺时针方向为正方向,则传感器 s_i 随着 F_i 在质心点 c_i 处的切线分量 $F_{i\parallel}$ 作用下方向转动相应角度,使得节点到达相应位置,转入步骤 7。

步骤 7 循环执行步骤 5、步骤 6,直到对目标集合 $T = \{t_1, t_2, t_3, \cdots, t_i, \cdots, t_m\}$ 中所有轨迹点都调整之后;进入步骤 8(分布式贪婪策略)。

步骤 8 计算工作节点 n_{work} 个数、节点集合 S 内所有节点对监视区域的覆盖率 η'_{cov} 和跟踪节点集合 S_k 对所有轨迹点 $T = \{t_1, t_2, t_3, \cdots, t_i, \cdots, t_m\}$ 的覆盖率 η_{cov}。

算法说明:

(1) 文献[5]是确定性感知模型,因此若节点 s_i 和轨迹点 t_j 之间距离小于

传感器感知半径,节点在虚拟力的作用下,调整视角之后的 s_i 对一定可以覆盖轨迹点 t_j。但是本章采用概率感知模型,所以节点转动之后对目标的发现概率是不确定的,因此需要先计算再做调整,减少节点转动视角的次数,以节约节点能量。

(2) 相邻轨迹点 t_j 和 t_{j+1} 之间都会涉及的跟踪节点需要多次调整视角。根据目标移动距离 Δl 的不同,前一个轨迹点 t_j 时候目标点与节点质心出现是引力,目标移动 Δl 后,确定轨迹点 t_{j+1} 时候目标点与同一个节点质心还有引力作用,即需要节点再次旋转调整视角。

(3) 因跟踪节点需要多次移动,所以当目标点移动,跟踪节点随之旋转调整,保证轨迹点被网络感知的概率大于 P_{th},但是旋转调整之后,节点对监测区域的总覆盖率可能减少。监控区域内局部情况如图 11-6 所示。

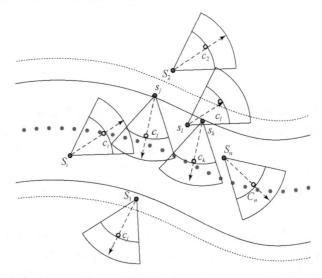

图 11-6　监控区域内局部情况

11.4　仿　真　分　析

采用 MATLAB 对算法进行仿真,仿真参数如表 11-1 设置。设检测区域 S_{area} 为 $500m \times 500m$,传感器节点感知半径 R_s 为 40m,感知视角 fov 为 $2\theta_f = \pi/2$,传感器节点可概率感知的范围 d 为 10m,$R_{far} = R_s + d = 50m$,$k_a = 3$、$k_b = 1$,部署 80 个节点,感知概率阈值 $P_{th} = 0.85$,旋转的角度为 $\Delta\theta = 5°$,取样间隔 $\Delta l = 10m$ 对轨迹点需求覆盖率 η_{req} 是 η 大于或者等于覆盖率 90%,仿真结果与 PFPCE 算法相比较。

表 11-1　仿真参数设置

对比项目	参数设置
检测区域 S_{area}	500m×500m
感知半径 R_s	40m
感知视角 fov＝$2\theta_f$	$2\theta_f＝\pi/2$
可概率感知的范围 d	10m
感知概率阈值 P_{th}	0.85
旋转的角度为 $\Delta\theta$	5°
取样间隔 Δl	10m

采用本章设计的概率感知模型,在覆盖率的相同的条件下,概率模型下工作节点的个数明显减少。而且同样数量的节点部署之后,节点初始覆盖率明显大于确定性感知模型。同 PFPCE 算法相同,改进后算法存在两个主要参数影响算法性能,它们分别是:初始网络覆盖率 η'_{cov} 和目标轨迹点的离散度,即取样间隔 Δl 有关。

图 11-7 显示了同样监测区域中 PFPCE 和本章算法节点个数对区域覆盖率的关系图,图中显示,随着工作节点数目的增多,PFPCE 和本章算法的覆盖率都在提高,但是本章算法对区域覆盖率提升的速度较快,当 $n \geqslant 300$ 后,覆盖率增长速度变缓,并趋于平稳。

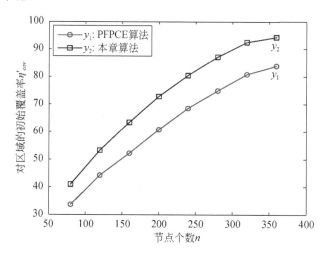

图 11-7　PFPCE 和本章算法节点个数对区域覆盖率的影响

图 11-8 显示了节点个数对 PFPCE 和本章算法对轨迹点初始覆盖率 η_{cov} 影响,随着节点的增多,目标在覆盖区域移动,不运行算法,即节点不旋转调整,可以明显看到采用本章概率感知模型的有向节点优势。在增加同等数量的传感器节点情况

下,本章算法比 PFPCE 算法对轨迹点的初始覆盖率平均要高出 3～10 个百分点。当节点在 300 左右时候,本章模型下的对轨迹点的覆盖率是 $\eta_{cov}\approx94\%$,而 PFPCE 稳定在 90% 左右,继续增加节点对目标轨迹点的覆盖率趋于平稳。

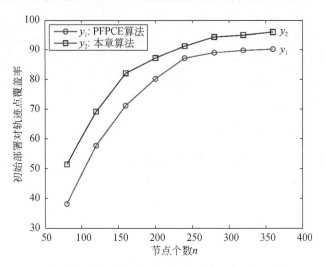

图 11-8　节点个数对 PFPCE 和本章算法对 η_{cov} 影响

图 11-9 运行 PFPCE 和本章算法后节点个数对轨迹点的覆盖率关系图,部署 80 个节点时,运行算法后,PFPCE 提升 38.24 个百分点,本章算法提高了 31 个百分点,但本章算法最后对轨迹点覆盖率为 87.52,高于 PFPCE 算法的 85.71。随着节点增多,当节点达到 300 个,本章模型下的对轨迹点的覆盖率可达到 $\eta\approx95\%$,而 PFPCE 稳定在 91% 左右,继续增加节点对目标轨迹点的覆盖率趋于平稳。这是因为当节点数目较大时候,无论目标何时从何处进入监测区域,总能被节点检测到。

由图 11-7～图 11-9 中可以得出结论:随着网络内节点的增多,网络对监测区域的初始覆盖率 η'_{cov} 不断增大,而初始部署对目标轨迹点的覆盖率随着 η'_{cov} 的增大也下断提高,但总体增长趋势不断下降。η'_{cov} 取值较小时,即节点少,覆盖空洞较多,若目标轨迹点选取移动距离 Δl 又较大,路径上出现覆盖盲区的几率较大。运行算法后都能较大的提高轨迹点覆盖率,随着 η'_{cov} 增大,最终区域覆盖率 η'_{cov} 稳定。若节点部署更多,对监测区域达到满覆盖,目标通过监控区域,运行算法也不会有较多的改善。

图 11-10 显示了部署 120 节点时轨迹点取样间隔 Δl 与轨迹点覆盖率 η_{cov} 之间的关系。图中当节点个数较少时候,轨迹点选取距离 Δl 越小,则目标点被发现的概率越小,因为节点较少,节点随机部署,节点未能保持较好的覆盖情况。当轨迹点选取距离 Δl 增大时候,跟踪节点对目标轨迹点的覆盖率增大,而且本章算法要优于 PFPCE 算法。当节点逐渐增多,在同样轨迹点选取 Δl 条件下,轨迹带内的节

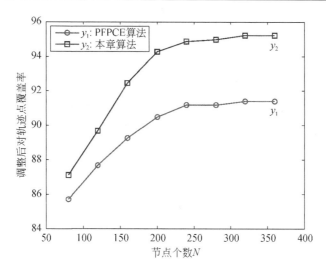

图 11-9　运行 PFPCE 和本章算法后对轨迹点 η_{cov} 的影响

点对目标的发现概率逐渐增大,增加相同的节点,本章算法对轨迹点覆盖率增长率较大,当节点继续增加时候,对轨迹点覆盖率增长率逐渐减小,最终能达到 93% 的覆盖率。

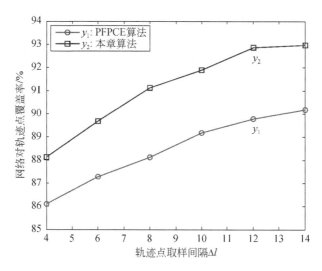

图 11-10　轨迹点取样间隔 Δl 与轨迹点覆盖率 η_{cov} 的关系

11.5　本 章 小 结

本章对 PFPCE 算法进行改进,网络所有节点采用概率感知模型,通过节点与邻居节点对目标信息进行联合处理,若目标联合感知概率大于目标最终被判定为发现的门限值,则目标被感知。当监测区域中节点数目众多时,即初始覆盖率很高的情况下,节点能保证对进入检测区域的目标有较大的发现概率。改进算法预先计算节点调整后对目标被感知发现概率,若能增大对目标点的发现概率则调整感知方向,否则保持感知方向不变,较大的节省了节点的能量,延长了网络的生命周期,提高了节点对目标进入覆盖区域的感知效率。

参 考 文 献

[1] Sung T W, Yang C S. Voronoi-based coverage improvement approach for wireless directional sensor networks. Journal of Network & Computer Applications, 2014, 39(1):202-213.

[2] 陶丹, 马华东, 刘亮. 基于虚拟势场的有向传感器网络覆盖增强算法. 软件学报, 2007, 18(5): 1152-1163.

[3] Tao D, Ma H, Liu L. Coverage-enhancing algorithm for directional sensor networks. Mobile Ad-hoc and Sensor Networks. Springer Berlin Heidelberg, 2006:256-267.

[4] 刘惠, 柴志杰, 杜军朝. 基于组合虚拟力的传感器网络三维空间重部署算法研究. 自动化学报, 2011, 37(6):713-723.

[5] 陶丹, 马华东, 刘亮. 视频传感器网络中路径覆盖增强算法研究. 电子学报, 2008, 36(7): 1291-1296.

[6] 赵龙, 彭力, 王茂海. 动态视觉传感器网络多节点协作覆盖算法. 计算机工程, 2011, 37(2): 108-111.

[7] 蒋一波, 王万良, 陈伟杰, 等. 视频传感器网络中无盲区监视优化. 软件学报, 2012, 23(2): 310-322.

[8] 黄帅, 程良伦. 一种基于虚拟力的有向传感器网络低冗余覆盖增强算法. 传感技术学报, 2011, 24(3): 418-422.

[9] 陶丹, 马华东. 有向传感器网络覆盖控制算法. 软件学报, 2011, 22(10): 2317-2334.

[10] Jing Z, Jian-Chao Z. A virtual potential field based coverage algorithm for directional networks. International Conference on Chinese Control and Decision Conference, IEEE Press, 2009:4626-4631.

第12章　有向传感器网络强栅栏覆盖算法

12.1　引　　言

栅栏覆盖[1-6]是应用于边界或战场监测的一种覆盖模型,通过对传感器节点的有效调度形成感知栅栏,判断是否有穿越监测区域的入侵者。当入侵者穿越监测区域时至少被 K 个节点感知到,则称之为 K 栅栏覆盖。近年来,随着科技的进步以及检测需求的增多,雷达传感器、视频传感器、红外传感器等具有一定观测角度的传感器节点得到越来越多的应用,同时有向传感器网络(directional sensor networks,DSN)栅栏覆盖问题也备受关注。

传统全向传感器网络栅栏覆盖[7]的研究已经取得了一定成果,与传统全向传感器网络不同,有向传感器网络节点的感知区域受感知角度的限制,并非一个完整的圆形区域,而传统基于全向模型的栅栏覆盖研究成果无法直接应用于有向传感器网络中,因此根据有向传感器网络的特点设计出合理的节点控制算法,有效利用网络资源是 DSN 栅栏覆盖需要解决的关键问题。

Li[8]针对有向传感器网络栅栏覆盖提出一种整数线性规划最优算法,并分别提出了集中式和分布式解决方案,但这种算法只适用于感知方向离散的有向传感器网络。文献[9]提出一种有向传感器网络强栅栏覆盖部署策略,定义虚拟点获取有向传感器节点之间的位置关系,建立有向栅栏图判断给定区域是否是强栅栏覆盖,并以最小的调整角度达到强栅栏覆盖。文献[10]、[11]研究了视频传感器网络全视图栅栏覆盖问题,并取得了良好的效果,不同的是,文献[10]是通过调整视频传感器感知方向实现的,而文献[11]给每个子区域赋予不同的权值,通过寻找最小权值路径实现全视图栅栏覆盖。

Wang[12]提出一种有向传感器网络栅栏覆盖算法,将有向传感器网络栅栏覆盖问题转化为图论模型,将每个强连通段看作一个栅栏图,计算求出所有可能形成强栅栏覆盖所需移动节点最少的几组栅栏图,通过移动节点前往栅栏图中的空隙位置从而形成栅栏覆盖;文献[13]以文献[12]研究结果为基础对有向传感器网络 K 栅栏覆盖进行了研究,分别提出了一种最优算法,以及一种贪心算法,两种算法均能达到对目标区域的 K 栅栏覆盖,贪心算法性能相对于最优算法性能更好,但这种算法属于集中式算法不适用于大规模的传感网络。

综上所述,目前对有向传感器网络栅栏覆盖的研究工作中较少考虑传感器节点的感知特性与感知距离的关系以及网络对不确定感知区域的感知能力。本章根据有向传感器节点的感知特性提出一种模糊感知模型，并以此为基础建立了模糊融合规则以提高网络对不确定区域的感知能力。针对有向传感器网络强栅栏覆盖问题，引入虚拟栅栏的概念，利用粒子群算法调节传感器节点感知方向来实现对目标区域的强栅栏覆盖。

12.2　问题描述

12.2.1　感知模型

当前研究工作中对有向传感器感知模型使用最多的用四元组 $(P_i, R, \vec{v}(t), \alpha)$ 描述的感知模型，具体参考文献[14]，但这种感知模型属于确定感知模型与传感器节点感知性能随距离增加而衰减的特性存在一定的出入。在实际应用中，传感器节点的感知能力在超过一定距离之后会随着距离的增加而降低，也因目标特性以及网络环境的影响，使得其感知能力不规则，不连续，也没有明确的边界；同时从人们对传感器感知能力的主观判断通常是强或弱，这客观地反映了传感器节点感知能力的模糊特性。将有向传感器节点特性与人们主观判断相结合，建立有向传感器节点模糊感知模型如图 12-1 所示。

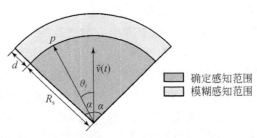

确定感知范围
模糊感知范围

图 12-1　模糊感知模型

R_s 为有向传感器节点确定感知半径，d 为模糊感知距离。假设任意节点 s 的感知角度 $\varphi = 2\alpha$，当目标点 p 到传感器节点 s 的欧氏距离 $R_s \leqslant d(s,p) \leqslant R_s + d$ 且感知角度 $|\theta_i| \leqslant \alpha$ 时，目标点 p 被传感器节点依隶属度函数 $f(s,p)$ 感知，这里我们引入多项式 Z 形隶属函数如图 12-2 所示。则传感器节点 s 对目标点 p 的感知能力为

$$f(s,p) = \begin{cases} 1, & d(s,p) < R_s \text{ 且 } |\theta_i| \leqslant \alpha \\ e^{\lambda(R_s - d(s,p))}, & R_s \leqslant d(s,p) \leqslant R_s + d \text{ 且 } |\theta_i| \leqslant \alpha \\ 0, & \text{其他} \end{cases} \quad (12\text{-}1)$$

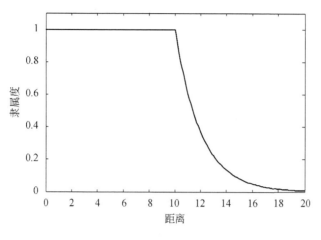

图 12-2　隶属函数

从隶属度函数 $f(s,p)$ 可知,节点模糊感知范围的感知能力在 0 和 1 之间,依据节点的感知能力的强弱将其模糊化为:强 $1 > f(s,p) \geqslant 0.8$,偏弱 $0.8 > f(s,p) \geqslant 0.5$,弱 $0.5 > f(s,p) > 0$。

12.2.2　数据融合模型

在传感器网络部署中,会存在一些不在网络确定感知范围内的区域,但却在网络节点模糊感知区域内,我们称这些区域为模糊区域(fuzzy region,FR)。为了减少网络中的模糊区域,提高网络对目标区域感知数据的准确性,网络数据融合模型的建立是有必要的。

定义 12.1　感知强度集假设目标点 Q 处于网络模糊感知范围,如果 Q 在节点 S_i 的模糊感知范围内,则称节点 S_i 为 Q 的融合节点,所有融合节点对 Q 的感知强度集合为感知强度集,记作 $O = \{O_1, O_2, \cdots, O_m\}$。

从节点模糊感知模型可知融合节点对目标点 Q 的感知强度分别为:强、偏弱、弱。则根据感知强度集 O 可以求得网络对目标点 Q 的三种感知强度的个数 $N = \{n_1, n_2, n_3\}$ $n_1 + n_2 + n_3 = m$;不同的感知强度对目标点 Q 的贡献度不同,定义强、偏弱、弱三种感知强度的贡献权值分别为 $\omega_1, \omega_2, \omega_3$,记作 $W = \{\omega_1, \omega_2, \omega_3\}$。 网络对目标点的感知强度的模糊融合结果为

$$U = NW^{\mathrm{T}} = \{n_1\omega_1, n_2\omega_2, n_3\omega_3\} \tag{12-2}$$

定义 12.2　融合指数对于模糊区域一点 Q,根据式(12-2)计算其融合结果 U,则点 Q 的融合指数

$$I_Q = |U| = \sqrt{(n_1\omega_1)^2 + (n_2\omega_2)^2 + (n_3\omega_3)^2} \tag{12-3}$$

定义 12.3　有效覆盖区域如果传感器网络对目标区域的融合指数大于等于

一定阈值 $I_{th}(1 > I_{th} > 0)$，则称该目标区域为有效覆盖区域。

模糊判断规则

(1)若 $I_Q \geqslant I_{th}$，输出 1；

(2)若 $I_Q < I_{th}$，输出 0。

引理 12.1　在有向传感器网络中，如果目标区域处于多个传感器节点的感知范围内，则数据融合能提高网络有效覆盖区域。

证明　如图 12-3 所示，对于处于多个传感器节点模糊感知区域的目标区域 H，网络对其感知能力明显增加，融合指数会相应增大，当融合指数大于一定阈值 I_{th} 时，H 则为有效覆盖区域。

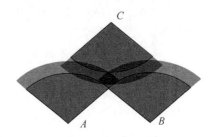

图 12-3　融合示意图

12.2.3　有向传感器网络栅栏覆盖分析

假设在目标区域 $L \times W$ 中，随机部署 N 个有向传感器节点，每个传感器节点具有调整自身感知方向，但不具有移动能力，且节点能获取自身位置信息。Kumar 等[15]给出了强栅栏覆盖和弱栅栏覆盖的定义如图 12-4 所示；强栅栏覆盖：入侵者沿任意路径穿越目标区域都会被网络发现；弱栅栏覆盖：网络从左至右形成一个水平方向上的屏障如图 12-4(b)所示，但存在路径使得入侵者穿越目标区域不被网络发现。

定义 12.4　虚拟栅栏网络中连接目标区域两端的任意曲线称为虚拟栅栏，如图 12-4(a)中曲线 l_1。

引理 12.2　如果传感器网络对虚拟栅栏形成全覆盖，则传感器网络对目标区域一定形成强栅栏覆盖。

证明　假设虚拟栅栏长度为 l，传感器网络能够参与到对虚拟栅栏进行覆盖的节点为 $S = \{s_1, s_2, \cdots, s_m\}$，传感器节点 s_i 对虚拟栅栏的覆盖区域为 l_i，则网络对虚拟栅栏的覆盖情况为 $L = \{l_1, l_2, \cdots, l_m\}$；当满足 $l = \bigcup\limits_{i=1}^{m} l_i$ 时，网络一定对虚拟栅栏形成全覆盖，明显此时传感器节点对目标区域形成强栅栏覆盖。

由引理 12.2，传感器网络的栅栏覆盖问题可以等价转化为对虚拟栅栏覆盖问

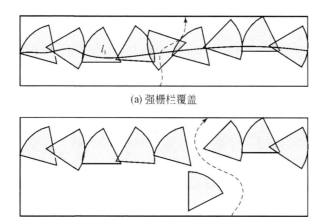

(a) 强栅栏覆盖

(b) 弱栅栏覆盖

图 12-4　栅栏覆盖

题,也即是寻找一条虚拟栅栏,然后调整传感器网络对其进行覆盖,如果网络能对虚拟栅栏实现全覆盖则形成强栅栏,否则为弱栅栏。

由于传感节点初始部署的随机性,如果选择的虚拟栅栏周围没有节点或者节点比较少,此时网络对虚拟栅栏是不可能形成全覆盖,也即是不能形成强栅栏覆盖,因此虚拟栅栏位置的选择则成了网络能否形成强栅栏覆盖的关键。因此本书以节点冗余度为基础选择虚拟栅栏离散点,从目标区域的一侧边界开始离散选择网络节点冗余度高的区域节点坐标的平均值 $\{\overline{p}_1(x_1,y_1),\overline{p}_2(x_2,y_2),\cdots,\overline{p}_n(x_n,y_n)\}$ 作为基点,并通过最小二乘法对其进行曲线拟合,最终形成虚拟栅栏。但这种方式确定虚拟栅栏会出现如图 12-5 所示情况,由于选择的离散点之间距离太大使得拟合曲线波动大,对形成强栅栏覆盖非常不利,这是不希望出现的。为了防止这种情况出现,对离散点的选取进行约束:优先选择冗余度高的坐标作为离散点,如果离散点距离前一个离散点距离超过 2 倍的感知半径则不选择该坐标为离散点。

为了保证传感器网络能够形成高性能的栅栏覆盖,则要求虚拟栅栏上的点尽可能多的被网络覆盖,而通过图 12-4(a)可以看出虚拟栅栏上存在无数个点,因此虚拟栅栏全覆盖是一个连续域的问题,为了实现对虚拟栅栏全覆盖,首先需要将其从连续域的问题转换为离散域。虚拟栅栏上每隔 Δl 取一个虚拟点 l_i,而由虚拟点组成的集合 Λ 也即是我们需要的离散栅栏,假设有向传感器网络覆盖离散栅栏的集合为 Λ_C,则传感器网络对虚拟栅栏的覆盖率为

$$C = \| \Lambda_C \| / \| \Lambda \| \tag{12-4}$$

根据有向传感器节点模糊感知模型,所有距离虚拟栅栏小于等于 $R_s + d$ 的传感器节点称为有用节点,如图 12-6 所示,而那些超出 $R_s + d$ 的传感器节点对于虚拟栅栏覆盖则没有任何贡献。

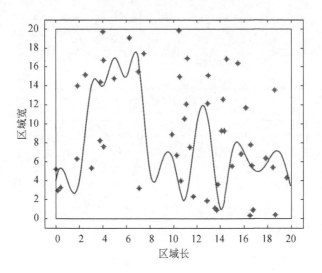

图 12-5　虚拟栅栏波动

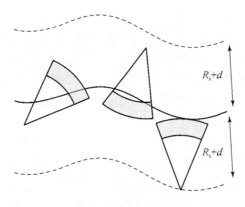

图 12-6　有用节点示意图

假设在时刻 t 传感器节点 i 的感知方向为 v_{it}，节点 i 覆盖的虚拟点集合为 Λ_{it}，所有有用节点覆盖的虚拟点为 $\Lambda_C = \bigcup\limits_{i=1}^{n} \Lambda_{it}$（$n$ 为有用节点个数），则在时刻 t 网络对虚拟栅栏的覆盖率为：$C_t = \| \bigcup\limits_{i=1}^{n} \Lambda_{it} \| / \| \Lambda \|$。有向传感器网络虚拟栅栏覆盖问题可定义为：寻找一组有用传感器节点感知方向子集 $\{v_1, v_2, v_3, \cdots, v_n\}$，使得网络对虚拟栅栏的覆盖率 C 满足

$$C(v_1, v_2, v_3, \cdots, v_n) \geqslant C(v_{1t}, v_{2t}, v_{3t}, \cdots, v_{nt}) \tag{12-5}$$

当网络对虚拟栅栏的覆盖率 $C(v_1, v_2, v_3, \cdots, v_n) = 1$ 时，即实现了对目标区域的强栅栏覆盖，否则为弱栅栏覆盖；因此在传感器节点不能移动的情况下，需调整网络节点感知方向，尽可能多的覆盖虚拟点，从而提高网络对虚拟栅栏的覆盖率。

引理 12.3　有向传感器网络虚拟栅栏覆盖问题是 NP 完全的。

证明　首先我们假设 V 为传感网络中有用节点所有可能的感知方向集 $\{v_{1t}, v_{2t}, v_{3t}, \cdots, v_{nt}\}$ 的合集,且 $\|V\| = \Delta$;然后我们定义一个变量 κ_{tj} $(1 \leqslant t \leqslant \Delta, j \in \Lambda)$, κ_{tj} 代表虚拟点 j 是否被 V 的一个子集 $\{v_{1t}, v_{2t}, v_{3t}, \cdots, v_{nt}\}$ 所覆盖。

$$\kappa_{tj} = \begin{cases} 1, & j \text{ 被覆盖} \\ 0, & \text{其他} \end{cases} \tag{12-6}$$

得式(12-5)等价于 $\max[C(v_{1t}, v_{2t}, v_{3t}, \cdots, v_{nt})] = \sum_{j=1}^{\|\Delta\|} \kappa_{tj}$,也即是从集合 V 中寻找一个子集 $\{v_{1t}, v_{2t}, v_{3t}, \cdots, v_{nt}\}$ 使得有用传感器节点覆盖最多的虚拟点,将每个虚拟点看作目标点也即是覆盖最多的目标点,显然最大化所覆盖的目标数是一个熟知的 NP 完全问题,由此得证有向传感器网络虚拟栅栏覆盖问题是 NP 完全的。

12.3　有向传感器网络栅栏覆盖算法

12.3.1　粒子群算法在栅栏覆盖中的应用分析

根据 12.2 节可知有向传感器网络虚拟栅栏覆盖问题是 NP 完全的,有向传感器网络虚拟栅栏覆盖增强问题是求解在有向传感器节点位置不变的情况下覆盖率最大的感知方向集 $\{v_1, v_2, v_3, \cdots, v_n\}$。假设种群中有 m 个粒子 $X = (X_1, X_1, \cdots, X_m)$,每个粒子在一个 n 维的搜索空间中寻优,并通过式(12-7)和式(12-8)进行迭代跟踪局部最优解和全局最优解,并更新自身的感知方向集和速度[16],算法根据目标函数判断每个粒子位置 X_j 的优劣。

$$V_{id}^{k+1} = \omega V_{id}^{k} + c_1 r_1 (P_{id}^{k} - X_{id}^{k}) + c_2 r_2 (P_{gd}^{k} - X_{id}^{k}) \tag{12-7}$$

$$X_{id}^{k+1} = X_{id}^{k} + V_{id}^{k+1} \tag{12-8}$$

其中,k 为迭代次数;c_1 和 c_2 是正数,为加速因子,一般取常数值;V_{id} 为粒子的运动速度;r_1 和 r_2 是区间 $[0,1]$ 的随机数通常用 rand() 表示;$d = 1, 2, \cdots, n; i = 1, 2, \cdots, m; \omega$ 为惯性权重,体现的是粒子继承前次迭代速度的能力,较大的惯性权重有利于全局搜索,而较小的惯性权重则有利于局部搜索。为了更好地平衡全局搜索和局部搜索能力,使用线性递减惯性权重,即

$$\omega(k) = \omega_{\text{start}} (\omega_{\text{start}} - \omega_{\text{end}})(T_{\max} - k)/T_{\max} \tag{12-9}$$

其中,ω_{start} 为初始惯性权重;ω_{end} 为最后一次迭代的惯性权重;k 为当前迭代次数;$T_{\max}$ 为最大迭代次数。一般情况下,惯性权重取 $\omega_{\text{start}} = 0.9, \omega_{\text{end}} = 0.4$ 时算法的性能最好。

粒子群算法通过目标函数判断粒子位置的好坏,如果目标函数以网络虚拟栅栏覆盖率来衡量粒子优劣,则每个粒子 $X_i = (v_{i1}, v_{i2}, \cdots, v_{im})^{\mathrm{T}}$ 都是一个 n 维向量,

通过迭代求出最优的 n 维向量,也即是 n 个有用传感器节点的感知方向 $v_g = (v_{g1}, v_{g2}, \cdots, v_{gn})^T$,能够有效地提高网络覆盖率,但是这种方式属于集中式算法,不适用于大规模节点部署的传感器网络。

考虑到目标函数以网络虚拟栅栏覆盖率衡量粒子的优劣属于集中式算法,本书以单个传感器节点为基础调整节点的感知方向,每个微粒不再是一个 n 维向量,也不代表所有传感器节点的感知方向,而是一个一维向量仅仅代表一个传感器节点的感知方向,这样网络覆盖就从一个 n 维动态求解问题转换为了一维动态求解问题。假设目标函数为 $F(x)$,以其对传感器节点 i 感知方向的输出值 $F(v_{it})$ 来评价粒子的优劣,目标函数输出越大则代表该传感器节点覆盖越多的虚拟点。算法每次迭代节点覆盖率都会大于或等于先前的覆盖率,从而实现提高网络虚拟栅栏覆盖率。如图 12-7(a)所示,节点 S_i 初始感知方向为 $\vec{v}(t_0)$,此时只覆盖了两个虚拟点,算法通过式(12-7)、式(12-8)迭代求出一个新的感知方向 $\vec{v}(t_1)$,同时目标函数 $F(\vec{v}(t_1)) > F(\vec{v}(t_0))$,为了覆盖更多的虚拟点将该节点的感知方向调整为 $\vec{v}(t_1)$ 覆盖了 4 个虚拟点。

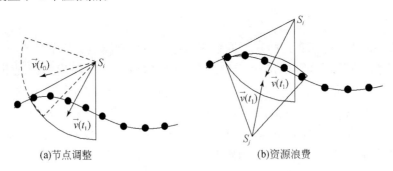

(a)节点调整　　　　　　　　　　　　(b)资源浪费

图 12-7　节点调整分析

12.3.2　问题分析

由 12.3.1 节中可知分布式粒子群算法以传感器节点本身为基础,以覆盖更多虚拟点为目标迭代调整节点感知方向,提高虚拟栅栏覆盖率。在算法迭代过程中会出现如图 12-7(b)所示情况,每个有用节点都在寻求覆盖更多的虚拟点,最终有可能邻居节点之间出现严重的重叠覆盖情况,从而使得节点资源浪费。

定义 12.5　邻居节点在有向传感器网络中任意两个节点 s_i、s_j,若两节点之间的欧氏距离 $0 \leqslant d(s_i, s_j) \leqslant 2R_f$,则称两个节点互为邻居节点。

定义 12.6　节点覆盖域网络中任意有用传感器节点 s_i 所覆盖虚拟点的集合为 Λ_i,我们称集合 Λ_i 为节点覆盖域。

定义 12.7　节点重叠域假设网络中任意一个有用传感器节点 s_i 有 h 个有用

邻居节点, s_i 与其邻居节点 s_j 感知重叠的虚拟点集合为 S_{ij}, 则传感器节点 s_i 的重叠域

$$\gamma_i = \bigcup_{j=1}^{h} S_{ij} \qquad\qquad (12\text{-}10)$$

如果算法单方面考虑节点覆盖率是不可行的,为了消除节点浪费现象,提高算法对网络节点的利用率则必须消除邻居节点之间的覆盖重叠。在提高单个节点的覆盖域的同时也要降低节点重叠域。粒子群算法以目标函数评价粒子的优劣,则需要在目标函数中兼顾考虑节点之间的重叠域。

定义 12.8　节点净覆盖域网络中任意节点 s_i 的节点覆盖域 Λ_i 减去其节点重叠域 γ_i 所得到的集合 Γ_i 即为节点 s_i 的净覆盖域。

$$\Gamma_i = \Lambda_i - \gamma_i = \Lambda_i - \bigcup_{j=1}^{h} S_{ij} \qquad\qquad (12\text{-}11)$$

引理 12.4　在有向传感器网络中,当每个有用传感器节点对虚拟点的净覆盖域最大时,网络的虚拟栅栏覆盖率最大。

证明　由式(12-5)可知,有向传感器网络虚拟栅栏覆盖是为了尽可能多的覆盖虚拟点,结合式(12-4)和式(12-11)可得虚拟栅栏最大覆盖率为

$$C = \max\left(\frac{\| \Gamma_1 + \Gamma_2 + \cdots + \Gamma_n \|}{\| \Lambda \|} \right) \qquad\qquad (12\text{-}12)$$

其中, $\| \Lambda \|$ 为常数,且在 $i \neq j$ 时任意两个 Γ_i、Γ_j 不相关,所以上式经等价变换得

$$C^* = \max(\Gamma_1) + \max(\Gamma_2) + \cdots + \max(\Gamma_n) \qquad\qquad (12\text{-}13)$$

明显得证每个有用传感器节点对虚拟点的净覆盖域最大时,网络的虚拟栅栏覆盖率最大。

证毕。

12.4　算 法 描 述

12.4.1　算法假设

在仿真分析中,本书与其他有向传感器网络栅栏覆盖研究一样做出如下假设:
(1)网络中有向传感器节点同构,也即是所有节点具有相同的确定感知半径、模糊感知半径、通信半径以及感知角度,节点通信半径是确定感知半径的二倍;
(2)传感器节点随机部署后可以确定自己的位置坐标、感知方向和所有邻居节点的位置信息;
(3)所有传感器节点位置不能移动,但感知方向可连续调整。

12.4.2　算法步骤

目标函数是粒子群算法的重要组成部分,目标函数对算法性能有着非常大的

影响,本书以每个有用节点对虚拟栅栏的净覆盖域为基础建立目标函数,每次迭代节点对虚拟栅栏的净覆盖域都会大于等于前一次,下面是算法目标函数建立步骤。

Function $\Gamma_i =$ fitness(α)　　%适应度函数

步骤 1　初始化节点覆盖域 Λ_i,重叠域 γ_i,净覆盖域 Γ_i;

步骤 2　判断节点 i 是否有邻居节点,如果没有则 $\gamma_i = 0$,如果有计算节点 i 与其邻居节点重叠覆盖的虚拟点 $\gamma_i = \gamma_i + 1$;

步骤 3　判断虚拟点 j 是否被节点 i 覆盖,如果被覆盖则 $\Lambda_i = \Lambda_i + 1$;

步骤 4　计算节点 i 的净覆盖度 $\Gamma_i = \Lambda_i - \gamma_i$;

下面是基于粒子群算法的栅栏覆盖算法(barrier coverage enhancement based on particle swarm optimization algorithm,BCEPSO)主程序步骤:

步骤 1　初始化参数:迭代次数 $n$max 学习因子 c_1,c_2 惯性权重 ω 粒子个数 n 模糊感知范围 d 粒子速度 $v_{\max},v_{\min}$ 角度范围 $a_{\max},a_{\min}$ 局部最优 p_{ij} 全局最优 p_{gi}

步骤 2　迭代开始 $t = 1:n_{\max}$,并根据式(12-9)计算迭代权值 ω;

步骤 3　根据式(12-7)、式(12-8)计算每个传感器节点 i 的第 j 个粒子的角度 a_{ij},以及调整速度 v_{ij};

步骤 4　根据目标函数判断粒子角度 a_{ij} 的优劣,并输出 $\Gamma_i(a_{ij})$,如果 $\Gamma_i(a_{ij})$ 优于局部最优角度的目标函数评定值 $\Gamma_i(p_{ij})$,则更新局部最优角度 $p_{ij} = a_{ij}$,如果 $\Gamma_i(a_{ij})$ 优于全局最优角度的目标函数评定值 $\Gamma_i(p_{gi})$,则更新全局最优角度 $p_{gi} = a_{ij}$;

步骤 5　$t = n_{\max}$,迭代停止;

步骤 6　根据前文模糊融合规则计算路径覆盖率。

12.4.3　算法收敛性分析

BCEPSO 算法以单个节点的净覆盖域 Γ_i 为基础,节点感知方向的每次调整都会伴随着其净覆盖域 Γ_i 的增加,用 Δ_r 表示节点每次调整感知方向后其净覆盖域增加的最小当量。假设:①每个节点的净覆盖域最大为 n;② 初始状态是最坏的情况,也即是节点净覆盖域为 0;则算法最多迭代 n/Δ_r 次。

引理 12.5　当 $\Delta_r = 0$ 时,如果迭代次数趋于无穷大,则每个有用节点的感知方向都会收敛于一个局部最优方向。

证明　有用节点 i 在第 t 次迭代时的感知方向为 $\vec{v}_i(t)$,此时其净覆盖域为 Γ_i,设节点 i 的感知方向处于局部最优时的节点净覆盖域为 Γ_i^*,而感知方向 $\vec{v}_i(t)$ 在 $[0,2\pi]$ 上是连续的,因此只需要证明在 $t \to \infty$ 时,$\Gamma_i \to \Gamma_i^*$ 即可。

假设算法第 $t-1$ 次迭代得到的净覆盖域为 Γ_{t-1},第 t 次迭代得到的为 Γ_t,则由算法可知 $\Gamma_{t-1} \leqslant \Gamma_t$,则

$$\Gamma'(t) = \frac{\Gamma_t - \Gamma_{t-1}}{\Delta t} \geqslant 0 \tag{12-14}$$

由此可知 $\Gamma(t)$ 是一个递增的函数,显然当 $t \to \infty$ 时,$\Gamma_i \to \Gamma_i^*$。

12.5　仿真分析

本书使用 MATLAB 对算法进行仿真验证,以一个实例对本章算法 BCEPSO 进行验证,实验参数为:在 $20\text{m} \times 10\text{m}$ 目标区域中随机部署 30 个传感器节点,传感器节点确定感知半径 $R_S = 2\text{m}$,模糊感知范围 $d = 0.8\text{m}$,贡献权值 $\omega_1 = 5, \omega_2 = 3, \omega_3 = 1$,阈值 $I_{\text{th}} = 6$,感知角度 $2\alpha = \pi/3$,粒子个数为 5,图 12-8 为 BCEPSO 算法某次仿真结果。

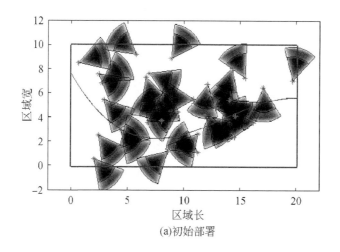

(a)初始部署

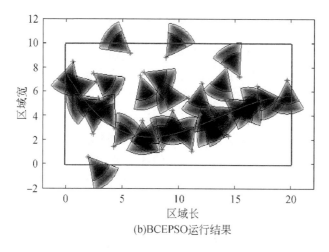

(b)BCEPSO运行结果

图 12-8　BCEPSO 算法仿真

从图 12-8 可以看出本书算法 BCEPSO 对目标区域能够有效实现强栅栏覆盖，图中矩形为目标区域，线条为算法拟合的虚拟栅栏，本章通过调整有用传感器节点的感知方向对虚拟栅栏实现全覆盖，从而对目标区域实现强栅栏覆盖，而那些对虚拟栅栏没有贡献的节点则没有调整，节省网络能量。

本章算法是以粒子群算法为基础实现的，所以粒子个数的多少对本章算法有直接的影响。图 12-9 为算法初始化粒子个数对本章算发收敛性的影响，从图中可以看出粒子个数越多算法收敛越快，同时效果更好；而当粒子数大于 5 时，粒子个数的多少对算法的收敛性影响减弱，因此本章算法粒子个数取 5，既能保持算法性能，也不影响算法收敛速度。

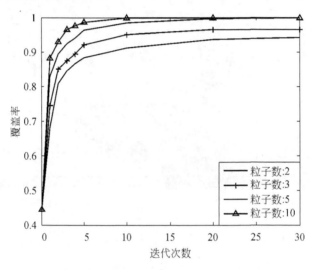

图 12-9　粒子个数对算法性能的影响

图 12-10 为 BCEPSO 算法使用模糊融合和不使用模糊融合形成虚拟栅栏的覆盖率与节点个数的关系，从图中可以看出在算法使用模糊数据融合时网络对虚拟栅栏的覆盖率比不使用模糊数据融合的覆盖率高，这是因为网络对多个传感器感知数据进行模糊数据融合能够提高网络对不确定区域感知能力，从而提高网络对虚拟栅栏的覆盖度。随着网络节点的增多两者的差距越来越小，因为随着节点的增多网络中的不确定区域就会减少，相对的数据融合的作用就会减弱。特别的，当网络中节点少于 30 个时，网络对虚拟栅栏的覆盖率小于 1，由引理 2 可知此时网络对目标区域形成强栅栏覆盖；当网络中节点说大于 30 时网络对虚拟栅栏的覆盖率等于 1，也即对目标区域形成了强栅栏覆盖。

在有向传感器网络中影响算法形成强栅栏覆盖的主要参数有：有向传感器节点个数 n，节点感知半径 R_s，以及节点感知偏角度 α。为了更全面地对比本章算法性能，分别对 BCEPSO 算法和文献[12]、[17]中强栅栏覆盖算法进行仿真，在形成

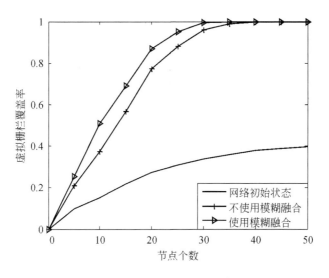

图 12-10　确定感知与模糊融合对比

强栅栏覆盖时所需的节点个数与节点半径 R_s 以及节点感知偏角度 α 之间的关系如图 12-11 所示。

从图 12-11 可以看出随着感知半径 R_s 以及节点感知偏角度 α 的增加三种算法形成强栅栏覆盖所需要的节点个数都明显降低,在感知半径较小时 BCEPSO 算法形成强栅栏覆盖所需节点个数明显比文献[12]以及文献[17]中算法少,这是因为文献[12]算法在节点半径比较小时静态节点之间的间隙就会增多,相应的需要加入填补间隙的可移动异构传感器节点就会增多,文献[17]中算法和本章 BCEPSO 算法通过调整传感器感知方向对目标区域实现强栅栏覆盖,不需要引入异构节点,

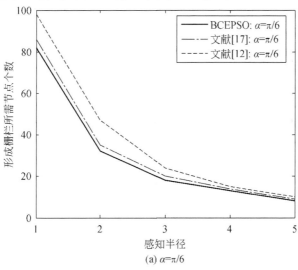

(a) $\alpha=\pi/6$

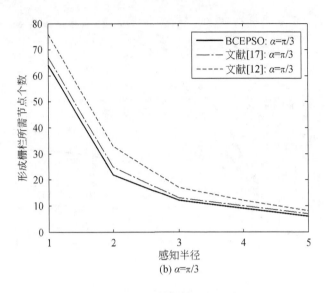

(b) $\alpha=\pi/3$

图 12-11　参数对算法的影响

因此需要的节点个数比文献[12]要少,不同的是 BCEPSO 算法通过调整传感器感知方向对虚拟栅栏进行全覆盖,从而形成强栅栏覆盖,且使用模糊数据融合模型消除网络中的不确定区域,能更充分的利用网络节点资源。

　　传感器节点通常具有电源能量低、二次补充能量难、信息采集能耗大的缺点,因此传感器网络使用寿命是衡量算法性能的一个重要指标。假设每个有向传感器节点的初始能量为 45~50J,节点在正常工作过程中单位时间内的通信开销为 0.5 J

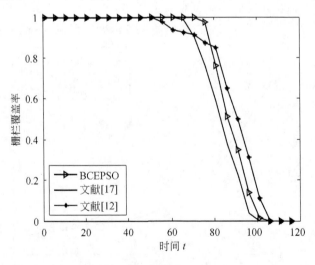

图 12-12　栅栏覆盖率随时间 t 的关系

的能量,节点感知方向每调整 100° 消耗 1J 的能量;节点移动单位距离 1m 所消耗能量为 3J。网络经过三种算法部署后形成强栅栏覆盖随时间 t 的变化如图 12-12 所示。

从图 12-12 可以看出当 $t>50$ 时文献[12]算法的栅栏覆盖率逐渐下降,当 $t>63$ 时,文献[17]中算法的栅栏覆盖率开始下降,而 BCEPSO 算法则是在 $t>72$ 时栅栏覆盖率开始下降;这是因为文献[12]算法在部署时需要引入一些可移动节点填补栅栏空隙,而这些节点移动到目标位置会消耗大量自身能量,从而导致对目标区域形成的栅栏因这些节点过早死亡出现空隙。调整感知方向相对于节点移动消耗能量较少,而文献[17]中算法为集中式算法通信开销较大,因此 BCEPSO 算法能够长时间维持栅栏覆盖率为 1。通过强栅栏覆盖的定义可知当栅栏覆盖率小于 1 时,网络对目标区域的覆盖将不再是强栅栏覆盖,相对于文献[12]以及文献[17]中算法,BCEPSO 算法能够更有效的维持网络强栅栏覆盖寿命。

12.6　本 章 小 结

本章根据传感器节点感知性能随距离增加而衰减的特性,提出一种有向传感器节点模糊感知模型,并建立了模糊数据融合规则减少网络中的模糊区域,提高网络有效覆盖区域;针对有向传感器网络强栅栏覆盖问题,提出了一种基于粒子群算法的有向传感器网络强栅栏覆盖算法 BCEPSO,通过最小二乘法建立虚拟栅栏,并使用 BCEPSO 算法对虚拟栅栏形成全覆盖,从而实现对目标区域的强栅栏覆盖。与已有算法 SCCI 以及文献[12]中算法相比,本章算法能以较少的传感器节点对目标区域构建强栅栏覆盖,并且网络具有更长的强栅栏覆盖寿命。

参 考 文 献

[1] 马学森,曹政,韩江洪,等. 改进蚁群算法的无线传感器网络路由优化与路径恢复算法. 电子测量与仪器学报,2015,29(9):1320-1327.

[2] 张华,姚嘉鑫,吴朝云. 传感器网络移动中继节点部署算法. 中国测试,2014,40(4):78-82.

[3] 王建平,骆立伟,李奇越. 矿井无线传感器网络高效 MAC 协议研究. 电子测量技术,2014,37(7):115-120.

[4] 蒋一波,陈琼,王万良,等. 视频传感器网络中多路径 K 级覆盖动态优化算法. 仪器仪表学报,2015,36(4):830-840.

[5] 张翠. 无线传感网协议测试平台研究. 国外电子测量技术,2015,34(6):54-57.

[6] Tao D,Wu T Y. A survey on barrier coverage problem in directional sensor networks. Sensors Journal IEEE,2015,15(2):876-885.

[7] 班冬松,温俊,蒋杰,等. 移动无线传感器网络 K-栅栏覆盖的构建算法. 软件学报,2011,22(9):2089-2103.

[8] Zhang L, Tang J, Zhang W. Strong barrier coverage with directional sensors. Global Telecommunications Conference, 2009. GLOBECOM. IEEE Xplore, 2009: 1-6.

[9] Tao D, Mao X F, Tang S J, et al. Strong Barrier Coverage Using Directional Sensors with Arbitrarily Tunable Orientations. Seventh International Conference on Mobile Ad-Hoc and Sensor Networks, IEEE, 2011: 68-74.

[10] Gui Y, Wu F, Gao X, et al. Full-view barrier coverage with rotatable camera sensors. IEEE/CIC International Conference on Communications in China, IEEE, 2014: 818-822.

[11] Ma H, Yang M, Li D, et al. Minimum camera barrier coverage in wireless camera sensor networks. INFOCOM, 2012 Proceedings IEEE. IEEE, 2012: 217-225.

[12] Wang Z B, Liao J L, Cao Q, et al. Barrier Coverage in Hybrid Directional Sensor Networks. Mobile Ad-Hoc and Sensor Systems (MASS), 2013 IEEE 10th International Conference on, Hangzhou: 2013. 222-230.

[13] Wang Z B, Liao J L, Cao Q, et al. Achieving K-Barrier Coverage in Hybrid Directional Sensor Networks. IEEE Transactions on Mobile Computing, 2014, 13(7): 1443-1455.

[14] 陶丹, 马华东, 刘亮. 基于虚拟势场的有向传感器网络覆盖增强算法. 软件学报, 2007, 18(5): 1152-1163.

[15] Kumar S, Lai T H, Arora A. Barrier coverage with wireless sensors. Proc. of the 11th Annual International Conference on Mobile Computing and Networking, 2005: 284-298.

[16] Shi Y, Eberhart R. Empirical study of particle swarm optimization. International Conference on Evolutionary Computation, Washington, USA: IEEE, 1999, 1945-1950.

[17] 陶丹, 毛续飞, 吴昊. 有向传感网络中移动目标栅栏覆盖算法. 北京邮电大学学报, 2013, 36(5): 6-9.

第三篇

基于信息融合的异构
传感器网络节点部署

第 13 章　异构无线传感器网络

随着无线传感器网的不断发展,传感器网络的异构性(heterogeneous)越来越突出。除了传感器种类的不同所导致传感数据的种类不同之外,传感器节点的异构性还体现在节点的携带能源状况、通信能力和数据处理能力等。虽然异构传感器网络要比同构传感器网络结构复杂,但它具有更好的性能,可以满足更为苛刻的要求。

13.1　异构传感网络简介

相对于同构传感器网络,异构传感器网络是指构成网络的节点类型不同(异构节点),传感器节点的异构性表现在携带能量、感知能力、计算能力、链路传输能力和通信能力等方面的不同,节点的异构性导致了网络结构的不同,所以异构网络异构性的根源为节点的异构性。传感器节点的异构类型[1]有:

(1)节点链路异构。在无线传感器网络中,由于有许多不可知的或人为不能控制的因素,通信链路传输质量具有很大的不稳定性,尤其是在一些传感器网络中,数据需要经过多跳路由才能到达目标,而数据每经一跳,其传输速率都会降低,并且增加一定的传输时延。所以为了预防这种情况,就在一般的传感器节点中加入一些携带较大的存储空间的、能量较多的和具有较强数据处理能力的节点,并且减少数据从普通节点到 sink(簇头)节点的平均跳数,这样就可以改善链路的质量,但也造成了链路异构性。

(2)节点能量异构。传感器网络中普遍存在节点能量异构的特点。一方面,由于节点具有异构性,并且其自身携带的初始能量也不相等,即使是同构的传感器节点,在通过自组织的方式组成网络时,和经过多跳的数据传输过程时,在 sink 节点附近的节点会因为参与转发数据的机会多,而消耗更多的能量,或是在原有的部署上再添加一些新的传感器节点,那么新部署的节点则会因为能量充足而比原来的传感器节点拥有的能量更多;另一方面,传感器网络在无线通信时,由于通信链路失效、节点失效、网络拥塞和部署区域地形的原因等随机事件的影响,而导致每个节点的能耗也不同,造成能量异构。可以说,能量异构是所有传感器网络中最普遍存在的情况。

(3)节点计算能力异构。某些节点具备强大的数据处理能力、更大的存储空间,并且可以存储更多的数据。但这些节点的能量消耗速度也比普通节点要快。

（4）节点感知范围异构。一些节点传感器节点具有更大的感知范围，也有一些节点的感知范围为非圆形，如视频传感器（感知范围为扇形），巨磁阻传感器（感知范围为椭圆形）。

（5）节点通信能力异构。不同的传感器节点通信半径不等，普通节点通信半径较小，一般为节点感知半径的两倍，而特殊的节点如 Sink 节点则有更大的通信半径。

13.2　异构传感网络特点

异构无线传感器网络的异构性主要表现在：

（1）网络在感知信息类型方面的异构。有些网络需要检测不同类型的信号，所以网络中配备的节点收集数据的类型不同，同时，在这类网络中由于节点的感知类型不同，节点的感知范围、能量消耗和在收集数据的过程中承担的任务也不尽相同。

（2）网络层次异构。在这类网络中，有些节点只负责对信息的感知，然后将感知数据转发给其他节点。而有些节点则不用感知数据，而只对接收的数据进行存储和转发。这些节点只在数据来到后，对其进行处理，然后再选择适当的路径进行转发出去。由于不同的无线传感器网络的拓扑结构差别很大，其数据转发的过程也不相同。相比于同构网络中从所有节点中选取适当位置的节点作为簇头的方式，在异构网络中，节点所处层次的不同，其类型也不同。

（3）网络拓扑结构的异构。在传感器节点部署之后，传输数据时需要对节点进行分簇管理，而不同的异构节点随机形成不同的簇，再以簇为单位在网络底层自组织形成数据终端。而这些随机分簇过程对于上层应用是透明的，用户也不会关心各个节点的分组和工作方式，但由此造成的网络拓扑结构的异构性是依然存在的。

13.3　异构无线传感器网络部署

随着应用场景和条件的要求，无线传感器网络感知、传输的数据类型也越来越多，而且不同的数据类型则要占用更多的无线带宽资源。异构传感器网络的概念最早由 Duarte[2] 于 2002 年提出，异构传感器网络是指构成网络的节点类型不同，它们在携带能量、感知能力、计算能力、链路传输能力和通信能力等方面与一般的节点不同，节点的异构性导致了网络结构的不同，所以异构网络异构性的根源为节点的异构性。由于通信链路失效、节点失效、网络拥塞和部署区域地形的原因等随机事件的影响，而导致每个节点的能耗也不同，使绝大部分传感器网络都在能量上表现出异构性,再加上原本节点的不同类型影响,导致传感器网络出现异构化[3]。在异构网络中,覆盖控制仍然是一项需要解决的基本问题。

文献[4]针对节点感知半径不同的异构传感器网络中的节点冗余问题,把节点按邻居节点的不同位置进行分类,研究了每组邻居节点的覆盖率与工作节点个数之间的约束关系,并在此基础上判断冗余节点,提高网络的效率和寿命。文献[5]研究了在两种感知范围不同的异构网络中,节点数目对网络单连通度和重复连通度的影响关系,对实现一定连通度时所需的节点数量,提供了一个参考。文献[6]分析了在异构传感器网络中,不同类型节点不同覆盖范围下的冗余问题,找出节点数量和冗余度之间的关系,并通过限定网络冗余度来计算所需不同节点的数量,在满足一定覆盖率的条件下,减少了网络成本。文献[7]参考同构传感器网络中基于能量考虑的部署方法,围绕基站划分层次,部署普通节点和转发消息的节点。文献[8]在两种不同能量级节点的网络中,根据两种节点的不同能耗,计算得到所需两种节点的比例,并在此基础上提出节点部署算法,一定程度上延长了网络寿命。文献[9]在存在障碍的监测区域内,用 Delaunay 三角剖分法划分三角形的方法,实现对目标区域的高效覆盖。文献[10]结合虚拟力算法和差分算法,通过异构节点间的虚拟力影响差分算法的位置向量更新过程,指导种群进化,实现了网络节点的布局优化。文献[11]在不同感知范围的异构传感器网络中,应用遗传算法迭代计算并移动节点至新的位置,使感知范围大小不同的节点均匀分布在监测区域,极大地提高了网络的覆盖质量。文献[12]针对感知半径不等的异构传感器网络,在覆盖区域中随机采样直线,并对采样直线上的覆盖进行优化,在多次采样后,可实现对整个区域的覆盖优化。

13.4 本 章 小 结

本章首先介绍了异构传感器网络的基本知识,并进行分析,然后分析了异构传感器网络的特点,对目前国内外在异构传感器网络部署方面的相关研究文献进行整理和分析,进而展开说明目前异构传感器网络在部署问题方面的研究现状和进展。

参 考 文 献

[1] 李明. 异构传感器网络覆盖算法研究[博士学位论文]. 重庆:重庆大学,2011.

[2] Duartemelo E J, Liu M. Analysis of energy consumption and lifetime of heterogeneous wireless sensor networks. Global Telecommunications Conference, 2002. GLOBECOM'02. IEEE. IEEE, 2002:21-25.

[3] 卿利,朱清新,王明文. 异构传感器网络的分布式能量有效成簇算法. 软件学报,2006, 17(3):481-489.

[4] 孙力娟,魏静,郭剑,等. 面向异构无线传感器网络的节点调度算法. 电子学报,2014,(10): 1907-1912.

[5] Guan Z Y, Wang J Z. Research on coverage and connectivity for heterogeneous wireless sensor network. International Conference on Computer Science & Education, IEEE, 2012: 1239-1242.

[6] Gupta H P, Rao S V, Venkatesh T. Analysis of the redundancy in coverage of a heterogeneous wireless sensor network. IEEE International Conference on Communications, IEEE, 2013: 1904-1909.

[7] Yuan H, Liu W, Xie J. Prolonging the Lifetime of Heterogeneous Wireless Sensor Networks via Non-Uniform Node Deployment. International Conference on Internet Technology and Applications, IEEE, 2011: 1-4.

[8] Hu N, Wu C, Ji P, et al. The deployment algorithm of heterogeneous wireless sensor networks based on energy-balance. Control and Decision Conference, IEEE, 2013: 2884-2887.

[9] Gao J, Zhou J. Delaunay-based heterogeneous wireless sensor network deployment. 2012 8th International Conference on Wireless Communications, Networking and Mobile Computing (WiCOM), 2012: 1-5.

[10] 李明,石为人. 虚拟力导向差分算法的异构移动传感器网络覆盖策略. 仪器仪表学报, 2011,(5): 1043-1050.

[11] Yoon Y, Kim Y H. An Efficient Genetic Algorithm for Maximum Coverage Deployment in Wireless Sensor Networks. Cybernetics IEEE Transactions on, 2013, 43(5): 1473-1483.

[12] 杜晓玉,孙力娟,郭剑,等. 异构无线传感器网络覆盖优化算法. 电子与信息学报,2014, (3): 696-702.

第14章　感知数据类型异构的传感器网络覆盖控制

14.1　引　　言

(异构)传感器网络的初始部署有两种策略:一种是大规模的随机部署;另一种是针对特定的用途进行计划部署[1-3]。当传感器的工作环境物理不可达时,节点只能通过随机抛撒的方式来部署,此种方式称为随机部署。相反,当传感器可以被精确部署到工作区域中指定位置时,称为计划部署。

对初始随机部署的大量节点进行休眠调度是一种有效的节省能耗的方法,关于既设置一部分节点休眠,又同时保证覆盖要求,目前的研究大体上分为两类方法。

第一类,判断冗余节点并使其休眠。文献[4]提出一种经典的依据相邻节点的个数判断是否冗余的 LDAS 算法,不需要节点提供定位信息,但其只利用了一跳范围内的邻居,调度后得到的网络覆盖冗余仍然比较大。文献[5]围绕基站划分层次,由最外到内,依据数据流量和节点能量逐步计算每一层所需要的节点数,再根据计算结果对每层节点冗余部署,缓解了多跳网络中靠近基站的节点能耗快的问题。文献[6]提出了一种基于区域覆盖的自适应传感半径调整算法,在保证网络覆盖性能的条件下,通过节点的冗余度调整节点感知半径的大小,但实际中节点的发射功率调节精度不高。

第二类,划分多边形网格,每个网格内只激活少量节点进行工作。文献[7]提出了一种基于正六边形网格的节点部署方法,对均匀和非均匀的传感器部署方案的两种优化模型中,对能量消耗最小化的约束下的连通性和覆盖的要求进行了分析,证明了网格部署的优秀性能。文献[8]重点讨论了三角网格(正三角形网格)中采用数据融合方法的性能。文献[9]讨论了在考虑无线传感器网络功率控制三角形定价博弈模型,其仿真结果表明,三角部署方案下提供了发射功率最小且效用最大化的定价博弈。文献[10]采用了联合感知的方法,对相邻几个节点采集的非确定性感知信息进行融合,使网络的整体覆盖性能得到提高。

把多个节点采集到的数据进行处理,得到一个综合决策,再往基站发送的方法,可以大大减少数据发送产生的能耗。文献[11]讨论了在正方形和三角形网格内进行数据融合的方法,比较了两种网格中采用数据融合的性能,并证明了两种网格部署方法下都具有较低的能耗。文献[12]给出了一个分布式的数据融合调度算法,证明了数据融合的方法可以有效改善网络的覆盖质量,且指出基于数据融合的概率性感知模型随环境噪声的增加更能体现出其优势,但该算法数据收集的延迟比较大。

本章提出一种在三角网格中用 D-S 理论进行数据融合的方法,结合网格节点调度和数据融合,兼顾了对能耗、冗余度和网络寿命的考虑,满足了覆盖质量的要求,提高了对非确定感知区域检测的可靠性,减少了通信代价。

14.2　预备知识

14.2.1　节点模型

传感器网络中节点的感知模型一般采用 0-1 感知模型,0-1 感知模型是一种离散的理想模型,和实际的节点感知状况有一定的差距,因此采用概率感知模型。

概率感知模型即为节点的感知强度随距离的增大而减弱的模型[8],节点 s 对检测区域中任意位置 q 的感知概率为

$$P(s,q) = \begin{cases} 1, & 0 < d(s,q) \leqslant r \\ e^{-\alpha[d(s,q)-r]}, & r < d(s,q) \leqslant R_s \\ 0, & R_s < d(s,q) \end{cases} \tag{14-1}$$

其中,$d(s,q)$ 表示节点 s 与目标位置 q 之间的欧氏距离;r 为节点的确定感知区域的半径;R_s 为节点的最大感知半径;α 为相关参数。当感知距离小于阈值 r 时,感知概率为 1;当感知距离大于 r 小于 R 时,感知概率随着传感距离的增大而减小;当感知距离大于 R 时,感知概率为 0。

为保证连通率,设置节点的通信半径为感知半径的 2 倍;节点不具备移动能力。

14.2.2　D-S 理论

在本书中,监测区域中任意一点的识别框架为 $U = \{H_0, H_1\}$,其中 H_0 表示"未被监测到",H_1 表示"监测到"。

设 m_1, m_2, m_3 分别为同一识别框架 U 上的基本概率分配函数,焦元分别为 $A_i(i=1,2,\cdots,k)$,$B_j(j=1,2,\cdots,l)$,$C_k(k=1,2,\cdots,m)$,则三条证据的合成公式为

$$m(A) = \begin{cases} \dfrac{\sum\limits_{A_i \cap B_j \cap C_k = A} m_1(A_i)m_2(B_j)m_3(C_k)}{1-K_1}, & \forall A \subset U, A \neq \varnothing \\ 0, & C = \varnothing \end{cases} \tag{14-2}$$

其中，$K_1 = \sum\limits_{A_i \cap B_j \cap C_k = \varnothing} m_1(A_i) m_2(B_j) m_3(C_k) < 1$，表示证据冲突的程度。

14.2.3　三角融合网格

在随机抛撒的节点中唤醒一部分节点，构成正多边形的顶点，这样的部署方式称作正多边形部署。

若监控区域中任意相邻三个工作节点的位置呈等边三角形部署，边长为 L，则称每三个工作节点划分一个三角网格，若数据融合只在事件发生位置的三角网格中进行，则称该网格为三角融合网格（triangle fusion mesh，TFM），且三角网格内感知概率最低的点为其质心[8]。

14.2.4　相关定义

定义 14.1（点覆盖率 P_P）　检测区域 M 内任意一点 p 被检测到的概率。

定义 14.2（区域覆盖率 P_W）　检测区域 M 内超过覆盖要求 β 的区域面积比例

$$P_W = \frac{\sum p(P_P \geqslant \beta)}{n}, \quad p \in M \tag{14-3}$$

定义 14.3（覆盖冗余度 F）　监测区域内每个节点覆盖范围 Q 之和与区域中所有节点的覆盖范围并集的比值

$$F = \frac{Q_1 + Q_2 + \cdots + Q_n}{Q_1 \bigcup Q_2 \bigcup \cdots \bigcup Q_n} = \frac{\sum\limits_{i=1}^{n} Q_i}{\bigcup\limits_{i=1}^{n} Q_i} \tag{14-4}$$

称为传感器网络的覆盖冗余度，在布尔感知模型下 Q_i 表示第 i 个节点的覆盖范围，但应用了概率感知模型后，由于概率感知区域重叠面积的增大有助于提高覆盖率，讨论概率感知区域的冗余度意义不大，故在本章中的概率感知模型下 Q_i 只表示节点的确定感知范围。

14.3　问　题　分　析

现假设在监测区域 A 内随机抛撒了 N 个传感器节点，激活一部分节点，实现整体覆盖率要求，并同时兼顾整体能耗问题。

唤醒节点采用三角网格的方式。一方面，三角网格（正多边形网格）可以使工作节点分布均匀，整个网络冗余度很低；另一方面，三角网格每个网格只有较少的节点提供监测信息，便于后面的融合计算。如图 14-1 所示，网格内的非确定感知区域 M，为三角网格中 3 个顶点节点的确定感知区域外的区域。对于在区域 M 内监测到的数据，先将 3 个顶点处节点提供的信息进行融合，再将融合后得到的决策信息发送出去,避免了把每个节点监测到的数据都发送带来的过多能耗。

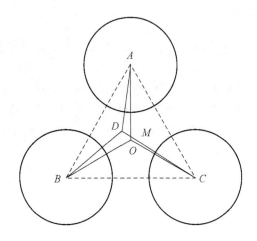

图 14-1　网格内的非确定感知区域 M

　　关于在三角网格内对融合后数据的发送问题,考虑到能耗均衡的要求,采用概率发送的策略,即将每个网格内融合后的数据在每个节点上赋予 1/3 的发送概率,这样,所有节点发送数据的概率在整体上大致相等,体现了算法均衡能耗的思想。

　　关于整个网络的持续性问题,先按部署算法激活一部分节点工作。每隔固定的一段时间,则重新运行部署算法。若工作过程中有某个节点出现能量耗尽而死亡的情况,则激活距此节点最近的一个休眠节点代替之继续工作。若出现过能量耗尽的节点数目达到一定比例时,则关闭所有工作的节点,重新运行一次部署算法,激活新的一组节点进行工作。由于本书的部署算法是随机唤醒部分节点,故每隔一段时间重新运行,可避免某些节点能耗过大,实现整个网络的能耗相对均衡。

14.4　算法步骤

　　根据前文的分析,作如下假设:①所有传感器节点同构,且不可移动;②所有传感器节点都有数据融合及数据发送能力;③所有传感器节点能够确定自己的位置;④监测区域中事件发生的先验概率已知;⑤所有传感器节点可自由转换休眠和工作两种状态。

　　部署算法和节点工作的步骤具体如下:

步骤 1　将监测区域分块 $S_1, S_2, \cdots, S_i$,依据每块区域事件发生的先验概率,确定每块区域的覆盖率要求 $\beta_1,\beta_2,\cdots,\beta_i$；

步骤 2　设置每个节点初始能量 E_0，每块区域随机选取一个节点 s_1，根据式(14-1)中算出网格质心处被每个节点感知的概率 $m_1(A),m_2(A),m_3(A)$，根据覆盖率的要求再代入式(14-2)中根据三角融合网络算法，确定每块区域的网格边长 $L_i=\sqrt{3}d(s,q)$，节点计算动作消耗能量为 E_1；

步骤 3　根据每块区域得到的 L_i，激活与其距离为 L_i 且角度之差为 60°处最近的 6 个传感器节点 $s_2,s_3,\cdots,s_7$，然后由 $s_2,s_3,\cdots,s_7$ 激活其周围满足此条件的节点，以此类推，直至找不到符合条件的节点，节点激活动作消耗能量为 E_2，未激活的节点进入休眠状态；

步骤 4　每个三角形顶点处的节点组成一个三角形网格，每个网格的 3 个节点周期性收集自己网格内的数据，若某个节点的事件检测概率超过某个阈值 Δ，且事件发生地点处在网格内的非确定感知区域 M 内，如图 14-1 所示，则用 D-S 证据理论对 3 个节点的感知概率进行融合；

步骤 5　网格内融合后的数据，3 个节点以 1/3 的概率向外发送，发送数据动作消耗能量为 E_3；

步骤 6　重复步骤 4 和步骤 5；

步骤 7　若某个节点出现能量耗尽的情况，则激活距此节点最近的一个休眠节点代替之工作，进入步骤 4；

步骤 8　每隔一定时间(一轮)，则将所有工作节点转换为休眠状态，进入步骤 3。

14.5　仿真实验分析

14.5.1　部署效果

本书采用 MATLAB 作为仿真工具。将监测区域为 $M=100\text{m}\times100\text{m}$ 的一个区域划分为左右两部分，随机抛撒 $N=2000$ 个节点，概率感知模型中最大感知半径取 $R=8\text{m}$，确定感知半径取 $r=3\text{m}$，概率感知参数取 $\alpha=0.28$，左区域网格边长取 $L_1=11.5\text{m}$，右区域取 $L_1=7.6\text{m}$，运行程序得到部署效果图 14-2。

如图 14-2 所示，将目标区域分为多个区域，每个区域采用不同的三角网格边长，可以得到不同的覆盖效果。

14.5.2　覆盖效果

取不同的网格边长，可获得不同的工作节点个数，当在区域 M 内激活工作节点数目为 100、122、166、200、236 时，由式(14-3)得到数据融合前区域覆盖率，由

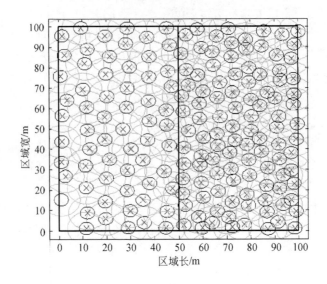

图 14-2　部署效果图

式(14-1)~式(14-3)得到数据融合后的整体覆盖度,如图 14-3 所示。

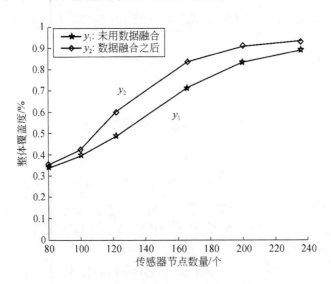

图 14-3　工作节点个数与整体覆盖率关系

从图 14-3 中可以看出,在工作节点较少的时候融合后的覆盖率提升不明显,但随着工作节点数目的增加,节点间的概率感知区域交叠面积的加大,数据融合就体现出优势了,网络覆盖率随之增大,并且数据融合后的覆盖率始终要略大于融合前的覆盖率。

14.5.3　网络冗余度

仿真由式(14-4)得到三角网格顶点部署的冗余度,与网格均匀部署的冗余度对比,如图 14-4 所示。

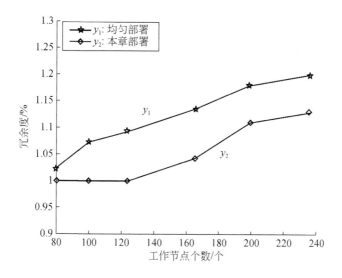

图 14-4　工作节点个数与冗余度关系

由于本书采用的是概率感知,非确定感知区域的重叠增加了网络的覆盖性能,所以只讨论节点确定感知区域的冗余度。由图 14-4 可以看出应用三角网格部署的方式下,在工作节点个数增多时网络冗余仍然保持比较低,且比均匀部署下的冗余度还要低,说明整个网络内的节点部署非常均匀。

14.5.4　网络运行时间

对每个节点赋予相同的初始能量,都为 20J,激活一次邻居节点消耗能量为 $E_2 = 0.01$J,数据融合计算所花费的能量为 $E_1 = 0.05$J,发送一个数据包消耗能量为 $E_3 = 0.05$J。设重启策略的一个周期为一轮 R(节点消耗 1/6 总能量的时间 t),在理想状态下,针对突发事件的监测,通过仿真,可以得到整个网络的生存时间与剩余节点数量的关系如图 14-5 所示。

由图 14-5 可以看出,在理想状态下,应用本书算法随着时间的推移,节点死亡的速度是相对比较均匀的,也反映了本书算法整体的能耗非常均衡,而且到后期剩余节点的分布,也会相对较均匀。

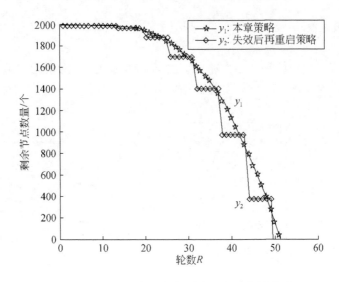

图 14-5　网络运行时间与剩余节点个数的关系

14.6　本章小结

　　本章针对在监测区域随机抛撒的高密度节点采用睡眠调度的方式,利用概率感知模型和 D-S 理论,提出了基于 D-S 理论的三角网格节点部署算法和数据融合算法。按照三角网格方式激活的工作节点分布均匀,节点覆盖冗余度低,节省了能耗;同时周期性重启的策略,使整个网路能耗非常均衡;利用 D-S 理论进行数据融合,提升了检测的可靠性,减少了发送数据的消耗。仿真结果表明,本章算法能有效提高网络覆盖率,节省能耗,提升网络的整体性能。

参 考 文 献

[1] 孙利民,李建中,陈渝,等. 无线传感器网络. 北京:清华大学出版社,2005.
[2] 潘泉,程咏梅,梁彦,等. 多源信息融合理论及应用. 北京:清华大学出版社,2013.
[3] Zhao Y G. Measurement and Monitoring in Wireless Sensor Networks[Ph. D. Thesis]. California: the University of Southern California,2004.
[4] Gao Y,Wu K,Li F. Lightweight deployment-aware scheduling for wireless sensor networks. ACM/ Kluwer Mobile Networks and Applications(MONET),2005,10(6):837-852.
[5] Zhao X C,Zhou Z,Li Z,et al. Redundancy deployment strategy based on energy balance for wireless sensor networks. 2012 International Symposium on Communications and Information Technologies (ISCI-T),2012:702-706.
[6] 韩志杰,吴志斌,王汝传,等. 新的无线传感器网络覆盖控制算法. 通信学报,2011,32(10):175-184.

［7］ Liu X, Li R, Huang N. A sensor deployment optimization model of the wireless sensor networks under retransmission. IEEE, International Conference on Cyber Technology in Automation, Control, and Intelligent Systems. IEEE, 2014:413-418.

［8］ 马超, 史浩山, 严国强, 等. 无线传感器网络中基于数据融合的覆盖控制算法. 西北工业大学学报, 2011, 29(3):374-379.

［9］ Valli R, Dananjayan P. Utility based power control with different deployment schemes in virtual MIMO Wireless Sensor Network. International Conference on Advances in Engineering, Science and Management, IEEE, 2012:417-422.

［10］ 孟凡治, 王换招, 何晖. 基于联合感知模型的无线传感器网络连通性覆盖协议. 电子学报, 2011, 39(4): 772-779.

［11］ 马超, 史浩山, 李延晓, 等. 一种基于数据融合的传感器网络部署策略. 传感技术学报, 2011, 24(2): 283-287.

［12］ Xing G L, Tan R, Liu B, et al. Data fusion improves the coverage of wireless sensor networks. Proc. of ACM Mobicom'09, Beijing, Sept. 20-25, 2009: 157-168.

［13］ Yu B, Li J, Li Y. Distributed Data Aggregation Scheduling in Wireless Sensor Networks. INFOCOM, IEEE, 2009:2159-2167.

［14］ Reda S M, Abdelhamid M, Latifa O, et al. Efficient uncertainty-aware deployment algorithms for wireless sensor networks. Wireless Communications and Networking Conference, IEEE, 2012: 2163-2167.

［15］ Kim Y, Kim C M, Yang D S, et al. Regular sensor deployment patterns for p-coverage and q-connectivity in wireless sensor networks. The International Conference on Information Network, IEEE Computer Society, 2012:290-295.

［16］ Gupta N, Wazid M, Sharma S, et al. Coverage life time improvement in Wireless Sensor Networks by novel deployment technique. 2013 International Conference on Emerging Trends in Computing, Communication and Nanotechnology(ICE-CCN), 2013: 293-297.

第 15 章　基于粗糙集的水下异构传感器网络节点部署

15.1　引　言

目前水下传感器网络[1-2]中使用最为成熟的是水声探测技术,但该技术应用在区域性近海时,由于浅海声学环境极其复杂,声传播规律尚未完全掌握,加之各种特征控制技术的采用,使得浅海声学探测变得越来越困难。磁探测技术是各种非声探测中发展较早、技术较成熟的一种探测方法,是在浅海地区最为可靠有效的探测技术。因此将声探测和磁探测相结合进行水下目标监测将是水下传感器网络重要的研究方向。

文献[3]提出了一种 LDAS 算法,采用随机抛撒大量节点到目标区域,再从中选择部分节点进行工作而其他节点休眠的部署策略,讨论了节点的邻居数量对网络覆盖率和连通率的影响,是冗余节点类算法的经典算法。文献[4]提出了一种不依赖节点精确定位的调度方法,利用节点与邻居间的关系判别冗余,决定是否休眠,但其存在一定误差,计算量较大。文献[5]根据潜艇出现深度先验概率,调整在不同深度部署节点的数量,有效地节省了成本,且满足了覆盖要求,但三维立体覆盖的策略满足该应用时,节点数量较多。文献[6]围绕基站划分正六边形网格,划分环形层次,每个网格激活部分节点,并且在相邻网格间节点间加入了限制条件,优化了网格划分方法中局部区域的冗余过高问题,提供了均匀的覆盖率,但其对节点的定位性能要求较高。直接部署适量数量节点到目标区域的策略,可以避免大量冗余计算和休眠调度,但要求节点具有调整自己位置的能力。文献[7]应用虚拟力算法对随机部署在监测区域的节点,进行位置调整,使区域内节点的分布十分均衡,但其没有一个在监测区域部署传感器网络的完整策略,在节点过多或过少的情况下,却不能得到较好的网络覆盖性能。

由于无线电波在海水中衰减严重,频率越高衰减越大,不能满足远距离水下组网的要求。目前水下传感器网络主要利用声波实现通信和组网。文献[8]提出了一种水下节点,可以依靠调节气缸内的空气和水的比例来改变自己的浮力,从而实现垂直上下的移动,代替了传统的用马达提供的动力,能耗低,但不能全向移动。文献[9]采用此类型节点,用缆线连接锚和节点,通过调节缆线的长度来实现对节点深度的调整,同时考虑水流的影响,在目标区域的上游进行节点的初始部署。文献[10]在其基础上,在水流方向及速度已知的情况下,对节点在水流中的受力情况进行分析,适当减少节点的初始部署区域,仍能达到对目标区域的覆盖要求,节省了一定的节点数量,但此方法之适合在水流方向确定且不变的水域中使用,限制了其应用范围。将水下节点搭载在 AUV 或水下滑翔机(underwater glider)等水下移动设备上,也可以成为能够全向移动的节点。文献[12]中,节点搭载在 AUV 上,利用粒子群优化方法,使节点移动后相对均匀地分布在所保护目标的周围,并研究了限定节点的不同移动距离和通信范围对网络性能的影响。

文献[13]应用声呐节点在水下部署传感器网络,提出一种基于连通支配集的节点自组织部署算法,保证了整个网路的高连通性,主要思想是在网络中形成一条主连通链路,使所有节点都能连接在其主链路或分支上,但其牺牲了部分覆盖率。利用激光也可以实现水下通信,但水下激光通信需要直线对准传输,通信距离较短,而且水的清澈度也会影响通信质量,制约着它在水下网络中的应用,只适合近距离高速率的数据传输。

文献[14]通过在海底放置可产生磁场的目标,对利用磁信号定位的方法进行模拟,证明了在水下磁传感器节点实现定位的可行性,且具有较高的定位精度。文献[15]通过外加磁场,利用磁源的磁偶极子特性,推导得出磁源与传感器之间的位置矢量关系,可实现对水下磁性物体的快速准确定位。

本章针对监测区域的目标(潜艇、鱼雷等)拦截问题,改变立体节点部署的覆盖策略,将三维覆盖问题转化为二维覆盖问题,采用声呐节点和磁感知节点两种异构感知节点,利用粗糙集势场调节节点位置,对不同节点的感知数据进行融合,提出了一种在监测水域平行截面上布置多层传感器网络的部署策略。

15.2　异构传感器网络模型

本书采用如下设定:
(1) 采用两种异构感知节点:声呐感知节点和磁感知节点;
(2) 每个节点都有活动和休眠两种状态,在任意时刻只能处于其中一种状态。
(3) 初始部署为在一个垂直截面上的随机部署。
声呐感知节点采用式(6-1)~式(6-6)的模型。

15.2.1　磁感知节点模型

磁感知节点即为利用磁场变化探测目标的节点。磁传感器总是有方向性的,以巨磁阻传感器为例,磁传感器感知能力是左右强而上下弱,因此,本书提出一种椭圆形的概率感知模型,如图 15-1 所示。

其中,c 为椭圆焦点与中心点之间的距离;a 为椭圆长半轴的长度;b 为椭圆短半轴的长度,偏心率 $e=c/a$,为一个可调参数,决定椭圆扁的程度($0 \leqslant e < 1$,当 $e=0$

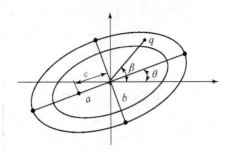

图 15-1　椭圆概率感知模型

时,为圆形;当 $e>0$ 时,e 越大,椭圆越扁);θ 为椭圆的倾斜角;β 为点 q 与中心点连线的倾斜角。节点 s 对监测区域中任意位置 q 的感知概率为

$$P(s,q)=\begin{cases}1, & 0<d(s,q)\leqslant d_1 \\ \mathrm{e}^{-\lambda[d(s,q)-d_1]}, & d_1<d(s,q)\leqslant d_2 \\ 0, & d_2<d(s,q)\end{cases} \quad (15\text{-}1)$$

其中,$d(s,q)$ 表示节点 s 与目标位置 q 之间的欧氏距离,d_1 为两点所在直线与确定感知椭圆边界的交点与节点 s 之间的欧氏距离,

$$d_1=\sqrt{[a\cos(\beta-\theta)\cos\theta-b\sin(\beta-\theta)\sin\theta]^2+[a\cos(\beta-\theta)\sin\theta-b\sin(\beta-\theta)\cos\theta]^2},$$

d_2 为两点所在直线与最大感知椭圆边界的交点与节点 s 之间的欧氏距离。

$$d_2=\sqrt{[a'\cos(\beta-\theta)\cos\theta-b'\sin(\beta-\theta)\sin\theta]^2+[a'\cos(\beta-\theta)\sin\theta-b'\sin(\beta-\theta)\cos\theta]^2},$$

λ 为相关参数。当 q 点处于确定感知椭圆内时,感知概率为 1;当 q 点处于非确定感知区域内时,感知概率随着传感距离的增大而减小;当 q 点处于最大感知椭圆外时,感知概率为 0。

15.2.2　数据融合模型

粗糙集(rough set)理论[18]为数据特别是带噪声、不精确或不完全数据的分类问题提供了一套严密的数学工具。粗糙集理论把知识看做关于论域的划分,从而认为知识是有粒度的,而知识的不精确性是由知识的粒度太大引起的。它的核心思想是不需要任何先验信息,充分利用已知信息,在保持信息系统分类能力不变的前提下,通过知识约简从大量数据中发现关于某个问题的基本知识或规则。用数学形式来描述一个信息系统,即 $S=(U,A)$,其中,A 为对象属性,U 为对象论域,A 和 U 为非空有限集合;对象属性元素定义为 $a:U{\to}V_a$,其中 V_a 为对象属性 a 的值域。

点覆盖要求 $P_r>0.8$ 时,一组已知信息如表 15-1 所示。

表 15-1　原始信息表

位置	s_1	s_2	s_3	s_4	覆盖
q_1	0.35	0.18	0	0.10	N
q_2	0.81	0.53	0.12	0.21	Y
q_3	0.75	0.88	0.38	0.22	Y
q_4	0.70	0.22	0.09	0.07	N
q_5	0.15	0.63	0.05	0.18	N
q_6	0.09	0.27	0	0	N

由于已知信息有限,把节点的感知数据分为 4 个粒度,属性编码表如表 15-2 所示。

表 15-2　属性编码表

属性	0	1	2	3
s_i	<0.2	0.2~0.4	0.4~0.7	>0.7
决策	N	Y		

把原始信息按照属性编码翻译,并把节点的感知数据按大小顺序排列,得到决策信息如表 15-3 所示。

表 15-3　决策表

U	s_1	s_2	s_3	s_4	d
1	1	0	0	0	0
2	3	2	1	0	1
3	3	3	2	1	1
4	3	1	0	0	0
5	2	0	0	0	0
6	1	0	0	0	0

在决策表中删去感知强度最弱的两组节点,得到约简信息如表 15-4 所示。

表 15-4　约简信息表

U	s_1	s_2	d
1	1	0	0
2	3	2	1
3	3	3	1
4	3	1	0
5	2	0	0
6	1	0	0

由约简信息表可以得到该知识表达系统的决策规则集如下：

$s_1 = 3 \wedge s_2 = 3 \quad \Rightarrow d = 1$

$s_1 = 3 \wedge s_2 = 2 \quad \Rightarrow d = 1$

$s_1 = 3 \wedge s_2 < 2 \quad \Rightarrow d = 0$

$s_1 < 3 \wedge s_2 < 3 \quad \Rightarrow d = 0$

即

$p_1 > \beta_1 \,\&\& \, p_2 > \beta_1 \Rightarrow p_q \geqslant P_r$

$p_1 > \beta_1 \,\&\& \, p_2 > \beta_2 \Rightarrow p_q \geqslant P_r$

$p_1 > \beta_1 \,\&\& \, p_2 \leqslant \beta_2 \Rightarrow p_q < P_r$

$p_1 \leqslant \beta_1 \,\&\& \, p_2 \leqslant \beta_1 \Rightarrow p_q < P_r$

其中，β_1、β_2 为根据原始信息和覆盖要求选取的粒度临界值，当点覆盖要求为 $P_r >$ 0.8 时，取 $\beta_1 = 0.7, \beta_2 = 0.4$。

定义 15.1（区域粗糙势场覆盖率 P_D） 监测区域 M 内经过粗糙集融合规则后超过要求覆盖率的区域面积与总面积之比：

$$P_D = \frac{M'}{M} = \frac{\sum q'(P_{q'} > P_r)}{\sum q}, \quad q', q \in M \tag{15-2}$$

定义 15.2（冗余比 F） 监测区域 M 内重复覆盖的区域面积所占比例：

$$F = \frac{S''}{S} = \frac{\sum q'' \left[\sum s(P_{s,q} > P_r) \geqslant 2 \right]}{\sum q}, \quad q'', q \in M \tag{15-3}$$

15.3 基于粗糙集势场的节点部署策略

15.3.1 截面部署

对某水域进行覆盖部署，一般采用三维覆盖部署，但针对潜艇、鱼雷等的拦截问题，可以化为二维问题，大量减少节点数量和能耗。本书在监测水域的截面部署传感器网络进行覆盖，代替全水域立体覆盖，可大大减少所需节点数目，如图 15-2 所示。

15.3.2 每层最佳节点数目

在一个固定面积的截面部署节点的数量，如果太少则达不到覆盖要求，太多了则会造成冗余浪费，针对本书假设，在面积为 M 的一个区域，需要确定感知半径为 r 的声呐节点的数量为

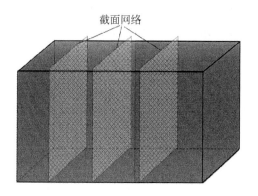

截面网络

图 15-2　水域截面部署网络

$$N_1 = \xi \frac{M}{\pi r^2} \tag{15-4}$$

需要确定感知区域的长、短半轴分别为 a、b 的椭圆磁感知节点数量为

$$N_2 = \xi' \frac{M}{\pi ab} \tag{15-5}$$

其中，ξ、ξ' 为可调参数，为方便仿真计算取 $\xi' = \frac{2}{3}\xi$。

通过仿真得到在同一目标区域下 ξ 取值对网络性能的影响如图 15-3 所示。

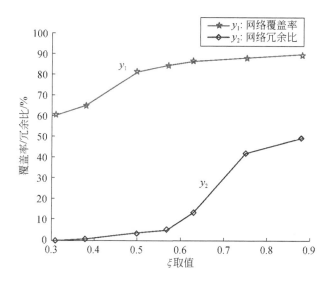

图 15-3　节点数目与网络性能的关系

由图 15-3 可以看出，随着 ξ 取值的增加，即节点数量增加时，网络的覆盖率也

随之提高,但在 $\xi > 0.6$ 时开始,网络的冗余比例开始迅速增加。所以由图 15-3 可以得到一个较佳的 ξ 取值范围:$0.5 < \xi < 0.63$。

15.3.3 不同网络层轮替工作模式

为了节省能耗,设置两种异构节点层轮替工作,只在有疑似目标出现和特定情况下时,才同时激活进行工作。关于每种节点每次轮替工作的时间,可由式(15-6)得到

$$\frac{t_1}{t_2} = \frac{E_2}{E_1} \tag{15-6}$$

其中,E_1、E_2 分别为两种节点单位时间内所消耗的能量,两种节点每次工作的时间与其能耗速度成反比。

15.4 算 法 描 述

部署算法和节点工作的步骤具体如下:

步骤 1 根据监测区域的截面面积和节点感知半径,由式(15-4)、式(15-5)计算出所需两种节点数量 N_1、N_2;

步骤 2 将两种节点随机均匀地抛撒在与监测区域截面平行的一条直线上,并随机下潜深度;

步骤 3 每个节点之间互相广播消息,由收到邻居节点信号的强弱判断每个邻居节点与自己的距离 d_{ij},将 $x = d_{ij}/2$ 代入式(6-1)和式(15-1),得到 $p_1 = \int P_{S+N}(x)\mathrm{d}x$,$p_2 = P(s_i, q)$,由粗糙集融合规则,当满足

$$p_1 > \beta_1 \,\&\&\, p_2 > \beta_1$$

时,节点相互移远一个单位 d_0;

当满足

$$\beta_2 < p_1 \leqslant \beta_1 \,\&\&\, \beta_2 < p_2 \leqslant \beta_1$$

时,节点相互移近一个单位 d_0;

步骤 4 声呐节点网络层重复运行步骤 3;

步骤 5 磁感知节点网络层重复运行步骤 3;

步骤 6 设置循环次数;

步骤 7 没有收到邻居广播消息的节点,向上移动,直至出现邻居节点或与水面基站连通;

部署完毕。

考虑到两种节点同时运行会使网络能耗加倍,而不同时运行又达不到最好的覆盖效果,所以本章算法又设计了使两种节点轮流工作、在特殊情况同时运行的

策略:

首先由水面基站激活所有声呐节点进行工作,并计时 t_1;在 t_1 期间若基站收到有节点捕捉到疑似目标的信号,则激活所有磁感知节点,暂停计时,直至确认目标,发出警报;目标消失后,所有磁感知节点重新进入休眠状态,继续计时 t_1;t_1 计时完毕后,激活所有磁感知节点,声呐节点进入休眠,计时 t_2;同上,在 t_2 期间若基站收到有节点捕捉到疑似目标的信号,则激活所有声呐节点,暂停计时,直至确认目标,发出警报;目标消失后,所有声呐节点重新进入休眠状态,继续计时 t_2;t_2 计时完毕后,激活所有磁感知节点,声呐节点进入休眠,计时 t_1,t_1 和 t_2 的数值比例可由式(15-6)得到。在恶劣天气情况下或者有人为干扰的状况下,也可由水面基站激活两种节点同时进行工作。

15.5　仿真分析

本书采用 MATLAB 作为仿真工具。在监测水域一个截面为 $M=10\text{km}\times 10\text{km}$ 的区域,初始随机均匀部署 $N_1=18$,$N_2=13$ 个节点,声呐节点确定感知半径取 $R=1\text{km}$,磁感知节点确定感知范围椭圆长、短半轴分别为 $a=1\text{km}$,$b=2\text{km}$,参数取 $\alpha=0.28$,运行部署算法,得到算法前后效果如图 15-4 所示。

由图 15-4 可以看出,运行算法后,同类型节点间的覆盖效果得到显著提升。虽然不同类型节点间还存在很大覆盖冗余比,但因为本章算法设计两种节点是轮流运行的,所以不必考虑不同类型节点间的冗余。

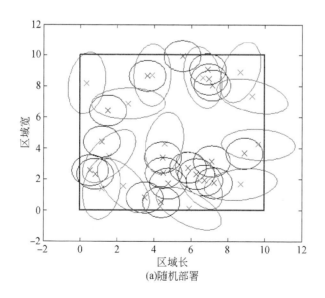

(a)随机部署

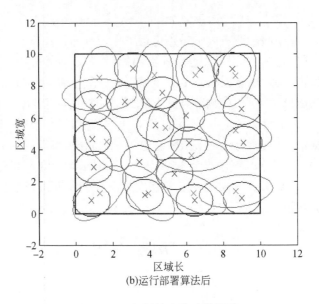

(b)运行部署算法后

图 15-4　部署算法前后效果图

15.5.1　覆盖效果

在监测水域的一个截面 $M = 10\mathrm{km} \times 10\mathrm{km}$ 上,分别用本章算法和均匀部署算法部署传感器网络,采用不同数量的节点,即 ξ 取不同值时,仿真得到网络的覆盖率和冗余度,如图 15-5 所示。

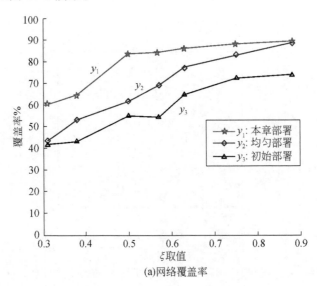

(a)网络覆盖率

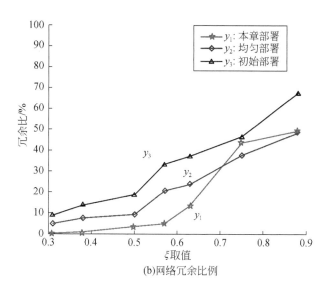

(b)网络冗余比例

图 15-5　部署算法覆盖效果

从图 15-5(a)可以看出,随着 ξ 取值的增加,即节点数量增加时,网络的覆盖率也随之提高,但在 $\xi>0.5$ 之后覆盖率的增加已经变得非常缓慢,且在 $\xi=0.6$ 左右时开始,网络的冗余比例开始迅速增加,说明在 $\xi=0.6$ 左右时,网络的节点数目开始饱和,所以在之后的仿真实验时,一般选择 $\xi=0.57$。

15.5.2　多层传感器网络覆盖效果

本书提出的算法只是在监测水域的一个截面上部署传感器网络,实际应用中可以平行布置多个网络,以实现更高的要求,取 $\xi=0.57$ 时,在一个形状为立方体的水域 $S=10\text{km}\times10\text{km}\times10\text{km}$(截面为 $10\text{km}\times10\text{km}$),与均匀部署方法对比,仿真得到网络个数与覆盖率的关系,如图 15-6 所示。

由图 15-6 可以看出,在同一水域的多个截面上平行布置 3 层本书提出的两种节点的异构网络,覆盖率就可以达到 99%,而均匀部署方法需要 4 层才能达到 99% 的覆盖率。实际上,布置两层网络就可以达到很好的效果(覆盖率 97%),但为了提供更好的覆盖要求,在之后的仿真实验时,一般选 3 层。

15.5.3　与立体覆盖效果对比

本书提出的算法是针对水域内的潜艇等的拦截问题,现跟立体部署所需的节点数目进行对比,取 $\xi=0.57$,水域内部署网络层数为 3 层时,水域立体覆盖采用均匀部署,仿真得到在正立方体水域体积增大时对应所需节点数目如图 15-7 所示。

由图 15-7 可以看出,在进行拦截经过水域目标的任务时,截面部署传感器网

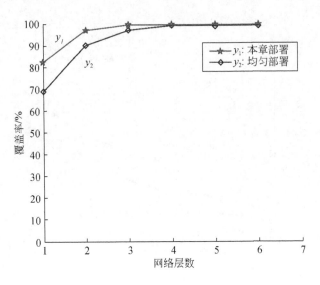

图 15-6　多层网络覆盖效果

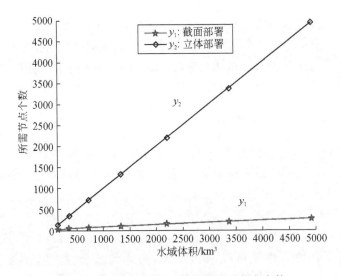

图 15-7　截面部署与立体部署所需节点个数

络所需要节点数量,要少于三维立体部署,且随着水域体积的增大,截面部署会比三维立体部署节省更多节点。

15.5.4　特殊情况覆盖效果

本章采用的是两种异构节点,优势是可以抵抗单一信号的强干扰(如恶劣天气、洋流异常、人为干扰等)。在 $S=10km\times10km\times10km$ 的水域内,取 $\xi=0.57$,

部署网络层数为 3 层时,单种节点关闭或失效时,仿真网络的覆盖效果,取 20 次平均值,得到如图 15-8 所示。

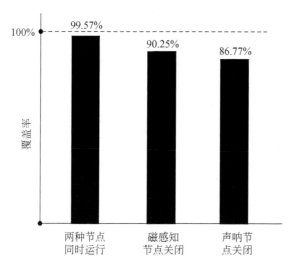

图 15-8　极端情况下覆盖效果

由图 15-8 可以看出,本章提出的异构传感器网络在单种节点失效(信号被严重干扰)时,仍能保持较高的覆盖率,适合用于高抗干扰要求的任务(军事应用,浅海地区等)。

15.6　本章小结

本章针对监测区域的目标拦截问题,将三维覆盖问题化为二维覆盖问题,采用两种感知异构节点,利用虚拟力调整位置,提出了在监测水域平行截面上布置多层传感器网络的部署策略。仿真实验表明,与三维立体均匀部署方法相比,本书算法大大节省了节点数目,具有较好的覆盖性能和抗强干扰的能力在节点的模型方面,磁感知节点的感知范围为椭圆,椭圆的朝向为随机角度,在移动后节点边缘区域还会存在一定的冗余,这是下一步需要研究的内容。

参 考 文 献

[1] 郭忠文,罗汉江,洪锋,等 . 水下无线传感器网络的研究进展 . 计算机研究与发展,2010,47
(3):377-389.

[2] 周衡 . 无线传感器网络的水下磁探测研究[博士学位论文]. 西安:西安电子科技大学,2010.

[3] Wu K,Gao Y,Li F,et al. Lightweight deployment-aware scheduling for wireless sensor net-
works. Mobile Networks and Applications,2005,10(6):837-852.

[4] 凡高娟,孙力娟,王汝传,等. 非均匀分布下无线传感器网络节点调度机制. 通信学报, 2011,10-17.

[5] 李世伟,王文敬,张聚伟. 基于潜艇深度的水下传感器网络部署. 传感技术学报,2012, 1614-1617.

[6] Liu X, Li R, Huang N. A sensor deployment optimization model of the wireless sensor networks under retransmission. IEEE, International Conference on Cyber Technology in Automation, Control, and Intelligent Systems. IEEE, 2014:413-418.

[7] Yu X, Huang W, Lan J, et al. A Novel Virtual Force Approach for Node Deployment in Wireless Sensor Network. IEEE, International Conference on Distributed Computing in Sensor Systems. IEEE, 2012:359-363.

[8] Bokser V, Oberg C, Sukhatme G S, et al. A small submarine robot for experiments in underwater sensor networks. Symposium on Intelligent Autonomous Vehicles, 2004.

[9] Detweiler C, Doniec M, Vasilescu I, et al. Autonomous depth adjustment for underwater sensor networks: design and applications. IEEE/ASME Transactions on Mechatronics, 2012, 17(1):16-24.

[10] Li S, Wang W, Zhang J. Efficient deployment surface area for underwater wireless sensor networks. IEEE, International Conference on Cloud Computing and Intelligent Systems. IEEE, 2012:1083-1086.

[11] Partan J, Kurose J, Levine B N. A survey of practical issues in underwater networks. ACM International Workshop on Underwater Networks, ACM, 2006:17-24.

[12] Zou J, Gundry S, Kusyk J, et al. Bio-inspired topology control mechanism for autonomous underwater vehicles used in maritime surveillance. IEEE International Conference on Technologies for Homeland Security, IEEE, 2013:201-206.

[13] 吴小勇. 反潜体系的搜索能力优化方法研究[博士学位论文]. 长沙:国防科学技术大学,2012.

[14] 张朝阳,肖昌汉. 海底布放磁传感器的磁定位方法的模拟实验研究. 上海交通大学学报, 2011,45(6):826-830.

[15] Han G, Zhang C, Shu L, et al. Impacts of Deployment Strategies on Localization Performance in Underwater Acoustic Sensor Networks. Industrial Electronics IEEE Transactions on, 2015, 62(3):1725-1733.

[16] 黄艳,梁炜,于海斌. 一种高效覆盖的水下传感器网络部署策略. 电子与信息学报,2009, 31(5):1035-1039.

[17] 张聚伟,刘亚闯. 基于信度势场算法的水下传感器网络部署及仿真. 系统仿真学报,2015, 27(5):1030-1037.

[18] 潘泉,程咏梅,梁彦,等. 多源信息融合理论及应用. 北京:清华大学出版社,2013.3: 293-297.

第16章　异构传感器网络基于粒子群算法的部署策略

16.1　引　　言

随着应用场景和条件的要求,无线传感器网络感知、传输的数据类型也越来越多,并且不同的数据类型则要占用更多的无线带宽资源,所以就越来越需要功能强大但结构复杂的异构传感器网络投入应用。在异构传感器网络中,由于节点的异构性,节点携带能量、工作能耗以及感知类型等都不尽相同,导致了节点间感知范围大小的不同[1]。

文献[2]针对异构传感器网络中的节点冗余问题,把节点按其邻居节点的不同位置进行分类,研究了每组邻居节点的覆盖率与工作节点个数之间的约束关系,并在此基础上判断并调度冗余节点,提高网络的效率和寿命,实现了非移动性节点的网络部署。文献[3]研究了在两种感知范围不同的异构网络中,节点数目对网络单连通度和重复连通度的影响关系,对实现一定连通度时所需要的节点数量,提供了一个参考。文献[4]分析了在异构传感器网络中,不同类型节点不同覆盖范围下的冗余问题,研究了节点数量和冗余度之间的关系,并通过限定网络冗余度来计算所需不同节点的数量,可减少一定网络成本,但其降低成本是以牺牲部分覆盖率为代价的。文献[5]的算法参考同构传感器网络中基于能量考虑的部署方法,围绕基站划分层次,部署普通节点和转发消息的节点。文献[6]在两种不同能量级节点的网络中,根据两种节点的不同能耗,计算得到所需两种节点的比例,并在此基础上提出节点部署算法,一定程度上延长了网络寿命,但其提升有限。文献[7]针对存在障碍的监测区域,用 Delaunay 三角剖分法划分三角形的方法,实现了对目标区域的高效覆盖。文献[8]结合虚拟力算法和差分算法,通过异构节点间的虚拟力影响差分算法的位置向量更新过程,指导种群进化,实现了网络节点的布局优化,但其算法对节点定位精度的依赖度较高。文献[9]在不同感知范围的异构传感器网络中,应用遗传算法迭代计算并移动节点至新的位置,使感知范围大小不同的节点均匀分布在监测区域,极大地提高了网络的覆盖质量。文献[10]针对感知半径不等的异构传感器网络,在覆盖区域中随机采样直线,并对采样直线上的覆盖进行优化,在多次采样后,实现对整个区域的覆盖优化,但随机采样的方法在算法后期对整个网络的性能提升量急剧减小,增加了大量冗余计算。

粒子群算法具有迭代格式简单,收敛速度快等优点。文献[11]、[12]在有向传感器网络中应用粒子群算法,以节点的不同朝向角度为粒子的解,粒子通过跟踪满足最优覆盖的解,多次迭代寻找所有节点的最优角度,完成网络部署;文献[13]、[14]在全向同构传感器网络中,以节点单步可到达的位置为粒子的解,跟踪寻优。文献[15]则在传感器网络中用粒子群寻找补充节点的最佳位置,并添加汇节点,增加了网络的连通性。粒子群算法在传感器网络中的应用,很大程度上提高了传感器网络的覆盖性能和节点利用率。

本章在异构传感器网络部署中应用粒子群算法,以异构节点随机单步可移动到的位置为粒子的解,并以提高网络性能为约束,寻找节点部署的最优位置解,提出异构性适用的粒子群部署算法(heterogeneity applicable particle swarm optimization algorithm,HAPSO)。

16.2　异构传感器网络模型

16.2.1　异构节点模型

在异构传感器网络中,节点的异构性会造成节点间覆盖范围的差异,因此本章采用不同的节点感知半径,如图 16-1 所示。

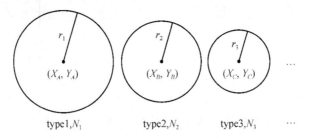

图 16-1　不同感知范围的异构节点

节点不同的规格 type1,type2,type3,…,对应的感知半径为 $r_1,r_2,r_3,\cdots$,对应的节点数目为 $N_1,N_2,N_3,\cdots$。

节点的感知模型采用概率感知模型,即节点的感知强度随距离的增大而减弱的模型:

节点 s 对任一点 q 的感知概率为

$$P(s,q)=\begin{cases}1, & d(s,q)\leqslant r \\ \mathrm{e}^{-\alpha[d(s,q)-r]}, & r<d(s,q)\leqslant R \\ 0, & R<d(s,q)\end{cases} \tag{16-1}$$

其中,$d(s,q)$ 表示节点 s 与目标位置 q 之间的欧氏距离;r 为节点的确定感知区域的半径;R 为节点的最大感知半径;α 为相关参数。当两者之间的距离小于 r 时,其感知概率为 1；当两者之间的距离大于 r 小于 R 时，感知概率随着其距离的增加而减小；当感知距离大于 R 时，感知概率为 0。

16.2.2　数据融合模型

由于概率感知模型中存在非确定性感知区域，故需采用数据融合策略，以加强对节点非确定性感知数据的利用，并增加一定的覆盖效果。假设在监测区域内有一点 q，处于 m 个传感器节点的感知范围内，若其在其中任意一个节点的确定感知范围内，则认为改点被感知到；若在两个及两个以上节点的非确定性感知区域内，则要对这些节点的感知数据进行融合计算：

$$P_q = 1 - \prod_{i=1}^{m}(1 - P(s_i, q)) \tag{16-2}$$

16.2.3　网络模型

传感器网络采用如下设定：

(1) 初始部署为随机部署；

(2) 异构节点选用 3 种类型（按感知半径从小到大的顺序依次为 type1，type2，type3）；

(3) 所有节点具备移动能力；

(4) 所有节点的通信范围大于其感知范围，且通信半径 R_c 与感知半径 R_s 满足 $R_c \geqslant R_s + R_1$（R_1 为最大感知范围节点的感知半径）。

16.3　粒子群算法应用

16.3.1　基本粒子群算法

采用粒子群算法求解使传感器网络覆盖率最大的节点位置集 $\varphi = (\varphi_1, \varphi_2, \cdots, \varphi_n)$，其中 $\varphi_i(x_i, y_i)$ 为第 i 个传感器节点的位置（$1 \leqslant i \leqslant n$）。假设有 m 个粒子组成的种群 $X = (X_1, X_1, \cdots, X_m)$，每个粒子在一个 n 维的搜索空间中寻优，其中第 i 个粒子表示为一个 n 维的向量 $X_i = (\varphi_{i1}, \varphi_{i2}, \cdots, \varphi_{in})^T$，代表第 i 个粒子在 n 维搜索空间的位置，也即是 n 个传感器节点的第 i 个新位置。根据目标函数即可计算出每个粒子的位置 X_i 所对应的适应度值。第 i 个粒子的速度为 $V_i = (V_{i1}, V_{i2}, \cdots, V_{in})^T$，局部最优位置为 $P_i = (P_{i1}, P_{i2}, \cdots, P_{in})^T$，种群的全局最优位置为 $P_g = (P_{g1}, P_{g2}, \cdots, P_{gn})^T$。粒子通过式(16-3)和式(16-4)进行迭代寻找局部最优和全局最优并更新自身的位置和速度[16]。

$$V_{id}^{k+1} = \omega V_{id}^k + c_1 r_1 (P_{id}^k - X_{id}^k) + c_2 r_2 (P_{gd}^k - X_{id}^k) \tag{16-3}$$

$$X_{id}^{k+1} = X_{id}^k + V_{id}^{k+1} \tag{16-4}$$

其中,k 为当前迭代次数,$d=1,2,\cdots,n,i=1,2,\cdots,m$;$V_{id}$ 为粒子的速度;c_1 和 c_2 是非负的常数,为加速 r_1 因子;r_1 和 r_2 为[0,1]区间内的随机数。一般情况下为防止粒子的盲目搜索会将位置和速度限制在一定的区间 $[-X_{max}, X_{max}]$、$[-V_{max}, V_{max}]$;ω 为惯性权重,体现的是粒子继承前次迭代速度的能力,较大的惯性权重有利于全局搜索,而较小的惯性权重则有利于局部搜索。为了更好地平衡全局搜索和局部搜索能力,使用线性递减惯性权重,即

$$\omega(k) = \omega_{start}(\omega_{start} - \omega_{end})(T_{max} - k)/T_{max} \tag{16-5}$$

其中,ω_{start} 为初始惯性权重;ω_{end} 为最后一次迭代的惯性权重;k 为当前迭代次数;T_{max} 为算法最大迭代次数。在一般情况下,惯性权重取 $\omega_{start} = 0.9, \omega_{end} = 0.4$。

以网络覆盖率为优化对象,则基本粒子群算法的适应度函数为网络覆盖率。每个粒子 $X_i = (\varphi_{i1}, \varphi_{i2}, \cdots, \varphi_{in})^T$ 都是算法的一个潜在解,通过不断迭代求出使得网络覆盖率最大时的粒子位置集,即传感器节点位置集合 $\varphi_g = (\varphi_{g1}, \varphi_{g2}, \cdots, \varphi_{gn})^T$,再调整传感器节点到计算所得的最优位置。但是,基本粒子群算法容易陷入局部最优次于全局最优的情况,如图 16-2 所示。

16.3.2 适用异构性的粒子群算法

为使粒子群算法更好地适用于异构传感器网络,并进一步提高网络性能,对基本粒子群算法进行适当改进如下。

1) 以节点利用率为适应度函数

以全局覆盖率为适应度函数进行计算时,计算量较大,并且太依赖节点的高定位精度,因此,使用节点利用率作为新的适应度函数。

定义 16.1 单个节点利用率 λ_i 只被节点 i 覆盖的面积与其完整覆盖面积之比:

$$\lambda_i = 1 - \frac{\sum_{j=1}^{N} S_{overlap}(i,j)}{\pi R_i^2} \tag{16-6}$$

其中,$S_{overlap}(i,j)$ 为节点 i 与节点 j 重复覆盖的区域面积。与使用节点覆盖率相比,以单个节点利用率作为寻找局部最优的适应度函数,只需要节点与其通信范围内节点(邻居节点)的距离情况进行计算,而不用每次都计算所有节点的情况,减少了算法的复杂度,并且可以适当避免一些局部最优次于全局最优情况的出现。

定义 16.2 网络资源利用率 λ_N 传感器网络所有节点的利用效率,即节点覆盖区域 S_i 的并集与所有节点覆盖区域之和的比例:

$$\lambda_N = \frac{S_1 \bigcup S_2 \bigcup \cdots \bigcup S_i \bigcup \cdots \bigcup S_N}{\sum_{i=1}^{N} S_i} \tag{16-7}$$

网络资源利用率的计算有别于覆盖率,以网络资源利用率作为寻找全局最优的适应度函数,既简化了计算复杂度,又可以逼近当前网络所能提供的最高覆盖效果。

2) 异构性适用

考虑到大覆盖范围节点容易形成局部封闭空间,而造成该局部区域节点利用率过低的情况(局部最优次于全局最优),兼且由于小体型节点移动能耗更少,需要赋予小型节点更高的灵活性,以便跳出局部封闭空间。现设置节点的移动步长与其覆盖半径成反比,设 type1 节点移动步长为 $d_1 = d_0$,则 type2 节点移动步长为 $d_2 = \dfrac{r_1}{r_2}d_0$,type3 节点移动步长为 $d_3 = \dfrac{r_1}{r_3}d_0$,$\cdots$,即 type n 节点的移动步长为

$$d_i = \frac{r_1}{r_i}d_0 \tag{16-8}$$

节点移动步长的调节,再加上以节点利用率为适应度函数的应用,可有效减少局部最优次于全局最优情况的出现,如图 16-2 所示。

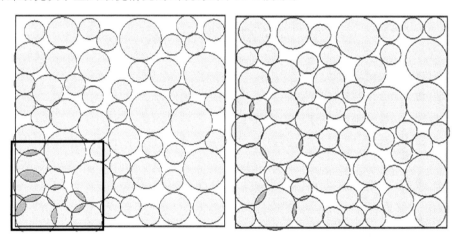

图 16-2　局部最优次于全局最优的情况

图 16-2 左侧为应用基本粒子群算法时出现的局部最优次于全局最优情况,右侧为在相同的一次初始部署下,应用异构性适用算法的部署效果,避免了该不良情况的出现。

3) 粒子优先跟踪上次迭代最优解

粒子在移动寻优时,由于移动步长有限,在单次迭代找到优于上次的位置时,并没有完全在该方向上的到达最优位置,如鸟群飞行时,若发现疑似目标时,在飞往该目标的过程中,并不会在到达该目标前半途而废一样。所以,在算法过程中设置优先考虑上次迭代选取的粒子方向,只要该粒子位置优于当前位置,则直接选取

该粒子并且不再考虑其他粒子,该策略在算法前期可取得明显的加速收敛的效果,见仿真图 16-6。

4) 边界约束

边界约束是传感器网络部署时需要考虑的另一个基础问题,在经典的虚拟力算法中,约束边界的策略为:节点只要超出边界,就将其移回界内。这种策略可以有效限制节点出界,但是又同时会造成部分节点在边界处进行不必要的往返移动。在本书中,则可以直接在适应度函数中加入边界约束策略,在单个节点利用率计算中加入边界判定:

$$\lambda_i = 1 - \frac{\sum\limits_{j=1}^{N} S_{\text{overlap}}(i,j) + S'_i}{\pi R_i^2} \tag{16-9}$$

其中,S'_i 为节点 i 覆盖区域超出边界部分的面积,在区域横轴边界为 $[0, x']$,纵轴边界为 $[0, y']$ 的区域中,S'_i 的计算公式为

$$S'_i = R_i^{\ 2}\arccos\frac{x'-x_i}{R_i} + R_i^{\ 2}\arccos\frac{y'-y_i}{R_i} \tag{16-10}$$

16.4　基于粒子群的部署算法

步骤 1　随机部署;

步骤 2　更新节点位置信息,更新节点当前适应度;

步骤 3　粒子到达自己位置,计算每个粒子位置的适应度;

步骤 4　比较每个粒子适应度和节点当前适应度的大小(优先考虑上次最优粒子);

步骤 5　选取适应度值最大的粒子为节点新位置,该适应度值为节点当前的新适应度,并记录最优粒子;

步骤 6　重复步骤 2～步骤 5。

16.5　仿　真　分　析

采用 MATLAB 作为仿真工具。在监测区域 M=200m×200m 内,初始随机均匀部署 $N_1=10, N_2=20, N_3=40$ 个节点,节点感知半径取 $R_1=10$m,$R_2=20$m,$R_3=40$m,在同一次随机部署下,分别运行异构性适用虚拟力算法(HAVFA)、基本粒子群算法(BPSO)和异构性适用粒子群算法(HAPSO)得到的部署效果图(图 16-3)。

网络整体覆盖率 $P(\text{RAN})=61.12\%, P(\text{HAVFA})=83.74\%, P(\text{BPSO})=86.39\%, P(\text{HAPSO})=89.66\%$,其中三种算法运行迭代次数相同,BPSO 和

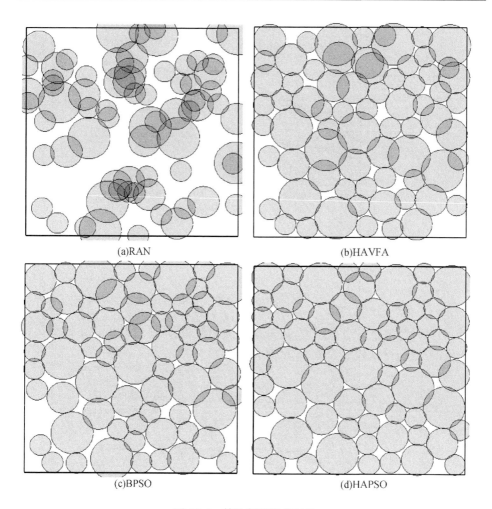

(a)RAN   (b)HAVFA
(c)BPSO   (d)HAPSO

图 16-3 算法部署效果对比

HAPSO 算法采用同样的参数,可以看出本书提出的算法具有较好的覆盖效果。

16.5.1 算法覆盖效果对比

为对不同的算法进行详细的覆盖效果对比,现在相同参数下,采用不同的节点数目,分别运行三种算法 20 次,并取平均值,得到覆盖率对比情况如图 16-4 所示。

由图中的覆盖率曲线可以看出,提出的异构性适用粒子群算法具有较好的覆盖效果,始终高于 HAVFA 算法,且较基本粒子群算法有着一定的提高。

16.5.2 粒子数对算法影响

粒子数是影响粒子群算法效果的一个重要因素,粒子数越多,算法的寻优性能

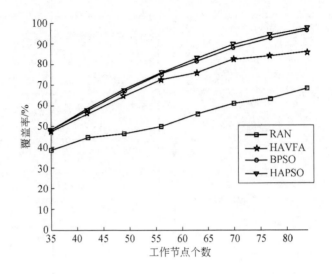

图 16-4　算法覆盖率对比

越好,但其计算复杂度也会越大,现采用不同的粒子数,运行基本粒子群算法和本章改进的算法,得到效果如图 16-5 所示。

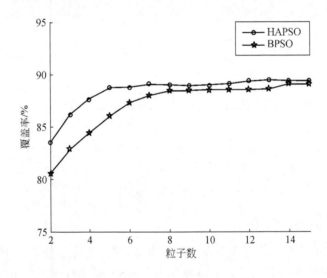

图 16-5　粒子数对粒子群算法的影响

由图中曲线可以看出,粒子数并不用选取太多,就能达到较好的效果,在采用相同参数的情况下,基本粒子群算法选用 9 个粒子,异构性适用粒子群算法选用 6 个粒子,就能基本达到最优效果。

16.5.3　算法收敛性

算法的收敛性表示算法达到最优效果的速度,快的收敛速度和到达峰值的稳定性,是优秀算法的特点。现在同一次初始部署下,在算法运行中对每次迭代后的网络覆盖率进行记录,得到如下效果(图 16-6)。

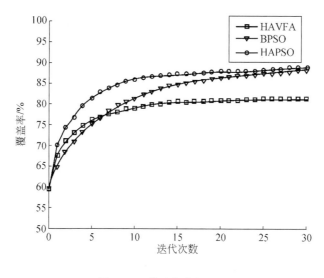

图 16-6　算法收敛性对比

由图 16-6 可以看出,HAVFA 算法比 BPSO 算法相比收敛更快,这是因为本书提出的 HAVFA 算法中使用了异构性适应策略,加强了小型节点的机动性,并且采用了跟踪上次最优粒子的策略。

16.5.4　节点移动距离对比

移动节点调整策略中,节点移动距离大小会严重影响节点的剩余能量多少,节点移动距离越少能够节省更多的能量,这就要求算法要尽量避免无效移动。采用不同节点数量,分别运行三种算法,取 20 次平均值,记录节点的移动距离情况如图 16-7所示。

由图中可以看出,在节点数量由稀少增加到饱和的过程中,三种算法下,节点的平均移动距离都在增大,而在由饱和到过剩的过程中,粒子群算法的节点平均移动距离不再明显增大,而虚拟力算法则会一直增加,这是由于,在节点过多的情况下或在算法后期,虚拟力算法中的节点会一直在做往返移动,造成节点能量的浪费和覆盖率振荡。

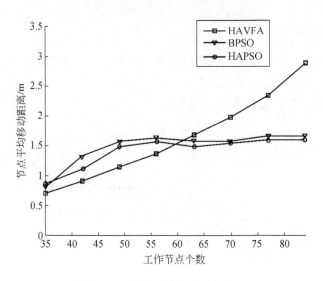

图 16-7　节点平均移动距离对比

16.6　本章小结

　　本章提出的异构性适用粒子群算法,在基本粒子群算法的基础上,加入一些新的策略,更好地适应了网络的异构性,提高了网络的性能。但在异构传感器网络的部署问题中,还有更多影响网络性能的因素,如异构节点的比例大小、不同感知范围节点能耗速度快慢及其初始携带能量的多少,都会对网络覆盖性能及网络的寿命产生影响,这些是下一步研究需要考虑的问题。

参 考 文 献

[1] 秦宁宁,张林,徐保国. 异构传感器网络覆盖势力剖分算法. 电子信息学报,2010,32(1):189-194.

[2] 孙力娟,魏静,郭剑,等. 面向异构无线传感器网络的节点调度算法. 电子学报,2014,(10):1907-1912.

[3] Guan Z Y, Wang J Z. Research on coverage and connectivity for heterogeneous wireless sensor network. International Conference on Computer Science & Education, IEEE, 2012:1239-1242.

[4] Gupta H P, Rao S V, Venkatesh T. Analysis of the redundancy in coverage of a heterogeneous wireless sensor network. IEEE International Conference on Communications, IEEE, 2013:1904-1909.

[5] Yuan H, Liu W, Xie J. Prolonging the Lifetime of Heterogeneous Wireless Sensor Networks via Non-Uniform Node Deployment. International Conference on Internet Technology and

Applications, IEEE, 2011: 1-4.

[6] Hu N, Wu C, Ji P, et al. The deployment algorithm of heterogeneous wireless sensor networks based on energy-balance. Control and Decision Conference, IEEE, 2013: 2884-2887.

[7] Gao J, Zhou J. Delaunay-based Heterogeneous Wireless Sensor Network Deployment. 2012 8th International Conference on Wireless Communications, Networking and Mobile Computing(WiCOM), 2012: 1-5.

[8] 李明,石为人. 虚拟力导向差分算法的异构移动传感器网络覆盖策略. 仪器仪表学报, 2011,(5): 1043-1050.

[9] Yoon Y, Kim Y H. An Efficient Genetic Algorithm for Maximum Coverage Deployment in Wireless Sensor Networks. Cybernetics IEEE Transactions on, 2013,43(5): 1473-1483.

[10] 杜晓玉,孙力娟,郭剑,等. 异构无线传感器网络覆盖优化算法. 电子与信息学报,2014, (3): 696-702.

[11] 肖甫,王汝传,孙力娟,等. 一种面向三维感知的无线多媒体传感器网络覆盖增强算法. 电子学报,2012,40(1): 167-172.

[12] 顾晓燕,孙力娟,郭剑,等. 一种有向传感器网络改进粒子群覆盖增强算法. 重庆邮电大学学报(自然科学版),2011,23(2): 214-219.

[13] Li Z, Lei L. Sensor Node Deployment in Wireless Sensor Networks Based on Improved Particle Swarm Optimization. International Conference on Applied Superconductivity and Electromagnetic Devices, IEEE Xplore, 2009: 215-217.

[14] Huang Z, Lu T. A particle swarm optimization algorithm for hybrid wireless sensor networks coverage. Electrical & Electronics Engineering, IEEE, 2012: 630-632.

[15] 张轮,陆琰,董德存,等. 一种无线传感器网络覆盖的粒子群优化方法. 同济大学学报(自然科学版),2009,37(2): 262-266.

[16] 潘泉,程咏梅,梁彦,等. 多源信息融合理论及应用. 北京: 清华大学出版社,2013.